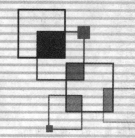

高等职业院校机电类"十二五"规划教材

液压传动技术

主　编　王永仁
副主编　陈　琼
　　　　张　娟
　　　　马　军
主　审　胡宗政

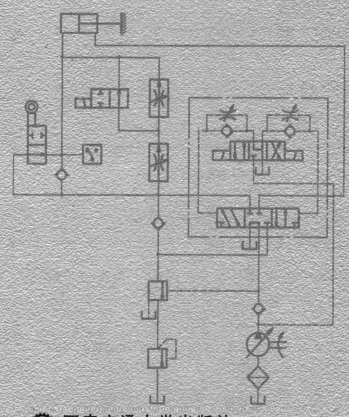

西安交通大学出版社
XI'AN JIAOTONG UNIVERSITY PRESS

内 容 提 要

本教材以液压技术为主线,对液压传动理论进行了简明、准确的介绍,并对液压控制阀的结构及基本回路进行了重点讲述,并对主要的液压系统元件进行了章节拆装实验,明确实验目的,细化实验步骤,强化实验效果,使其与实际应用相结合。针对高职高专教学的特点,本书强调对基本技能加强训练,着重理论分析,增加了较多液压系统应用实例,并详细介绍了液压系统的安装、调试与维修等有关知识。

图书在版编目(CIP)数据

液压传动技术/王永仁主编. —西安:西安交
通大学出版社,2013.8
 ISBN 978-7-5605-5409-9

Ⅰ.①液… Ⅱ.①王… Ⅲ.①液压传动-高等职业教
育-教材 Ⅳ.①TH137

中国版本图书馆 CIP 数据核字(2013)第 161949 号

书　　名	液压传动技术
主　　编	王永仁
副 主 编	陈璟　张娟　马军
责任编辑	李佳
出版发行	西安交通大学出版社
	(西安市兴庆南路 10 号　邮政编码 710049)
网　　址	http://www.xjtupress.com
电　　话	(029)82668357　82667874(发行中心)
	(029)82668315　82669096(总编办)
传　　真	(029)82668280
印　　刷	陕西宝石兰印务有限责任公司
开　　本	787mm×1092mm　1/16　印张 10.625　字数 246 千字
版次印次	2013 年 8 月第 1 版　2013 年 8 月第 1 次印刷
书　　号	ISBN 978-7-5605-5409-9/TH·94
定　　价	25.00 元

读者购书、书店添货、如发现印装质量问题,请与本社发行中心联系、调换。
订购热线:(029)82665248　(029)82665249
投稿热线:(029)82664954
读者信箱:jdlgy@yahoo.cn

序

发展高等职业技术教育,是实施科教兴国战略。认真贯彻《中共中央国务院关于深化教育改革全面推进素质教育的决定》和《面向 21 世纪教育振兴行动计划》所确定的目标和任务的重要环节,也是建立健全职业教育体系、调整高等教育结构的重要举措。

20 世纪 90 年代以来,党中央、国务院非常重视高职高专教育,在积极发展高等教育的同时,提出了大力发展高等职业教育的方针,并相继出台了一系列政策和措施,大大推动了我国高职高专教育的改革与发展。多年的改革实践形成了高职高专教育人才培养模式的共识,即"以培养高等技术应用性人才为根本任务;以适应社会需求为目标;以培养技术应用能力为主线"。根据这一形势和教育部的教改精神,课题组对目前国内外高职高专教育进行了广泛深入的调查研究。

新世纪高职教育的主要特点为:教育国际化、课程综合化和教育终身化。这些特点要求高职院校培养的学生应具有良好的综合素质。较全面的基础知识,必备的专业技能,面向市场的较强的竞争能力。新世纪是信息化的时代,以信息科学为代表的高新科技向机械行业的渗透,使得现代化的机械制造是传统机械制造技术与信息、自动化和现代管理科学的有机融合。

高职教育的教材面广而量大,品种甚多,是一项繁重而艰巨的工程,随着高职教育日趋面向职业和行业化发展,教材重点也会逐渐从理论向实践进行转变,这就需要我们不断的调整高职教育的人才培养模式和培养方向,更加注重理论教学和实践训练相结合。我们在这方面的改革和实践还不充分。在肯定现已编写的高职教材所取得的成绩的同时,我们还要结合各院校的实际情况和教学实训计划,加以灵活运用,并随着教学改革的深入,进行必要的充实、修改,使之日臻完善。

编 者

2013 年 6 月

前　言

为了适应高等职业教育事业不断发展的需要,结合教育部新世纪课题《高职高专教育机械基础课程教学内容体系改革、建设的研究与实践》,本书是在综合参编院校的教学计划与教学大纲和多年教学经验的基础上,针对高职、高专机械类、机电类专业的人才培养目标和岗位技能需要而编写的。本书编写内容力求少而精,理论实践相结合,注重应用能力和综合素质的培养,在较为全面的阐述液压传动内容的基础上,着重反映我国在液压传动技术上的新进展。

本书的特点是对液压传动基本理论与基本概念的阐述力求简明清晰,着重讲解其物理意义及在工程实践中的应用。全书以液压技术为主线,以液压传动系统的各组成元件为章节,采用"总、分、用"的构架,先总述液压传动的工作原理、然后分别对系统各组成部分进行详解,对各功能回路进行分解和研究,最后讲述液压系统的应用实例,重点突出、层次分明。除此之外,本书还针对高职高专教学的特点,注重基本技能训练,先理论分析,后实验操作,实现理实一体化教学模式,并增加了较多液压系统应用实例,并详细介绍了液压系统的安装、调试与维修等有关知识。

本书由王永仁担任主编,陈璟、张娟、马军担任副主编,参加编写的还有赵翔(第一章第三节、第八章第一节),李祥(第三章的第二节、第七章第一节)。全书由陈璟修改定稿。由兰州职业技术学院胡宗政教授主审,并对本教材提出了许多宝贵意见。

本书适合作为高职高专院校机械类、机电类专业的教材,也可作为各类业余大学、函授大学、电视大学及中等职业学校相关专业的教学参考书,并可供机械类工程技术人员和科技工作者参考使用。

由于编者水平有限,书中难免有不少缺点和错误,恳请广大读者批评指正。

编　者
2013 年 6 月

目　录

第1章　液压传动技术概述

传统的三大传动方式分别为机械传动、电气传动和流体传动。液体和气体统称为流体。流体传动是以流体为工作介质进行能量转换、传递和控制的传动方式。由于流体这种工作介质具有独特的物理性质,在能量传递、系统控制、支撑和减小摩擦等方面发挥着十分重要的作用,所以液压与气动技术发展十分迅速,现已广泛应用于工业、农业、国防等各个部门。目前,液压技术正在向高压、高速、大功率、高效率、低噪声和高度集成化、数字化等方向发展;气压传动正向节能化、小型化、轻量化、位置控制的高精度化以及机、电、液相结合的综合控制技术方向发展。

液压传动是研究以有压液体为传动介质来实现各种机械传动和自动控制的学科。液压传动利用各种元件组成具有一定功能的基本控制回路,再将若干基本回路加以综合利用而构成能够完成特定任务的传动和控制系统,实现能量的转换、传递和控制。本章主要介绍液压传动的基本原理、工作特点及液压系统的组成及功能。

通过本章学习,要求掌握:

1. 液压传动是借助密封容积的变化,利用液体压力能和机械能之间的转换来传递能量。

2. 压力和流量是液压传动中的两个重要参数。其中压力取决于负载,流量决定执行元件运动速度。

3. 液压传动系统的基本组成及其功能。

4. 液压传动的特点。

本章难点:

1. 液压传动的工作原理。

2. 独立分析磨床工作台液压系统的结构及工作过程控制。

3. 液压系统的特点。

1.1　液压传动的工作原理

液压系统以液体作为工作介质,而气动系统以气体作为工作介质。两种工作介质的不同在于:液体几乎不可压缩,气体却具有较大的可压缩性。液压与气压传动在基本工作原理、元件的工作机理以及回路的构成等方面是极为相似的。下面以图 1-1 所示液压千斤顶的工作原理为例来加以介绍。

图 1-1 所示为液压千斤顶的工作原理图。液压缸 9 为举升缸(大缸),手柄 1 操纵的液压缸 2 为动力缸(液压泵,即小缸),两缸通过管道 6 连接构成密闭连通器。当操纵手柄 1 上下运动时,小活塞 3 在液压缸 2 内随之运动,液压缸 2 的容积是密闭的,当小活塞 3 运行时,液压缸 2 下腔的容积扩大而形成局部真空,油箱 12 中的液体在大气压力作用下,通过吸油管 5 推开吸油阀 4,流入小活塞的下腔。当小活塞下行时,液压缸 2 的下腔容积缩小,在小活塞作用下,受到挤压的液体通过管道 6 打开单向阀 7,进入液压缸 9 的下腔(此时吸油阀 4 关闭),迫使大活塞 8 向上移动。如果反复扳动手柄 1,液体就会不断地送入大活塞下腔,推动大活塞及负载

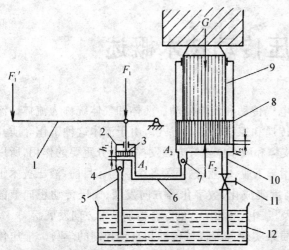

1—手柄；2,9—液压缸；3—小活塞；4—吸油阀；5—吸油管；
6,10—管道；7—单向阀；8—大活塞；11—截止阀；12—油箱
图 1-1 液压千斤顶的工作原理图

上升。如果打开截止阀 11，可以控制液压缸 9 下腔的油液通过管道 10 流回油箱，活塞在重物的作用下向下移动并回到原始位置。

图 1-1 所示的系统不能对重物的上升速度进行调节，也没有设置防止压力过高的安全措施。但仅从这一基本系统，也能得出有关液压与气压传动的一些重要概念。

设大、小活塞的面积为 A_1、A_2，当作用在大活塞上的负载和作用在小活塞上的作用力分别为 G 和 F 时，由帕斯卡原理可知，大、小活塞下腔以及连接导管构成的密闭容积内的油液具有相等的压力值，设为 P，如忽略活塞运动时的摩擦阻力，则有：

$$P=\frac{G}{A_2}=\frac{F_2}{A_2}=\frac{F_1}{A_1} \tag{1-1}$$

或
$$F_2=\frac{F_1 A_2}{A_1} \tag{1-2}$$

式中：F_1 是油液作用在大活塞上的作用力，$F_2=G$。

式（1-1）说明，系统的压力 P 取决于作用负载的大小。

式（1-2）表明，当 $A_1/A_2 \gg 1$ 时，作用在小活塞上一个很小的力 F_1 就可在大活塞上产生一个很大的力 F_2 以举起负载（重物）。这就是液压千斤顶的工作原理。

另外，设大小活塞移动的速度为 v_1 和 v_2，则在不考虑泄漏情况下稳态工作时，有

$$A_1 v_1=A_2 v_2=q_v \tag{1-3}$$

或
$$v_2=\frac{v_1 A_1}{A_2}=\frac{q_v}{A_2} \tag{1-4}$$

式中：q_v 为流量，定义为单位时间内输出（或输入）液体的体积。

式（1-4）表明，大缸活塞运动的速度（在缸的结构尺寸一定时），取决于输入的流量。

使大活塞上的负载上升所需的功率为

$$P=F_2 v_2=\frac{P A_2 q_v}{A_2}=p q_v \tag{1-5}$$

式（1-5）中，p 的单位为 Pa，q 的单位为 m^3/s，则 P 的单位为 W。由此可见，液压系统的压力和流量之积就是功率，称之为液压功率。

1.2 液压传动的组成及功能

图 1-2 为磨床工作台液压系统的工作原理图。对液压缸动作的基本要求是：工作台实现直线往复运动，运动能变速和换向，在任意位置能停留以及承受负载的大小可以调节等。基本

工作原理如下：

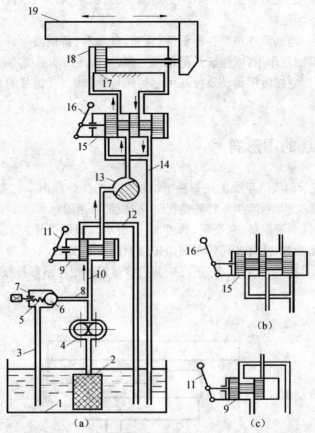

1—油箱；2—过滤器；3,12,14—回油管；4—液压泵；5—弹簧；6—钢球；7—溢流阀；8,10—压力油管；
9—手动换向阀；11,16—换向手柄；13—节流阀；15—换向阀；17—活塞；18—液压缸；19—工作台

图1-2　磨床工作台液压传动系统工作原理

液压泵4在电动机的带动下旋转，油液由油箱1经过滤器2被吸入液压泵，由液压泵输入的压力油通过手动换向阀9，节流阀13、换向阀15进入液压缸18的左腔，推动活塞17和工作台19向右移动，液压缸18右腔的油液经换向阀15排回油箱。如果将换向阀15转换成如图1-1(b)所示的状态，则压力油进入液压缸18的右腔，推动活塞17和工作台19向左移动，液压缸18左腔的油液经换向阀15排回油箱。工作台19的移动速度由节流阀13来调节。当节流阀开大时，进入液压缸18的油液增多，工作台的移动速度增大；当节流阀关小时，工作台的移动速度减小。液压泵4输出的压力油除了进入节流阀13以外，其余的打开溢流阀7流回油箱。如果将手动换向阀9转换成如图1-1(c)所示的状态，液压泵输出的油液经手动换向阀9流回油箱，这时工作台停止运动，液压系统处卸荷状态。

从上述例子可以看出，液压传动是以液体作为工作介质来进行工作的，一个完整的液压传动系统由以下五部分组成：

(1)动力元件　它是将原动机所输出的机械能转换成液体压力能的能量转换装置，其作用是向液压系统提供压力油，液压泵是液压系统的心脏。这类元件主要是各种液压泵。

(2)执行元件　它是将液体压力能转换成机械能以驱动工作机构的能量转换装置。这类

元件主要包括各类液压缸和液压马达。

（3）控制元件　它是对液压传动系统中油液压力、流量、方向进行控制和调节的元件。这类元件主要包括各种控制阀。

（4）辅助元件　辅助元件包括各种管件、油箱、过滤器、蓄能器等。这些元件分别起连接、散热存油、过滤、蓄能等作用，以保证系统正常工作，是液压传动系统不可缺少的组成部分。

（5）工作介质　它在液压传动及控制中起传递运动、动力及信号的作用，包括液压油或其它合成液体。

1.3　液压系统的图形符号

图1-2(a)所示的液压系统图是一种半结构式的工作原理图。它直观性强，容易理解，但难于绘制。在实际工作中，除少数特殊情况外，一般都采用国标GB/T 786.1-93所规定的液压与气动图形符号（参看附录）来绘制，如图1-3所示。图形符号表示元件的功能，而不表示元件的具体结构和参数；反映各元件在油路连接上的相互关系，不反映其空间安装位置；只反映静止位置或初始位置的工作状态，不反映其过渡过程。使用图形符号既便于绘制，又可使液压系统简单明了。

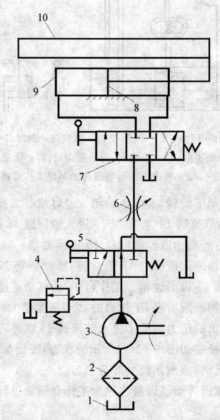

1—油箱；2—过滤器；3—液压泵；4—溢流阀；5—手动换向阀；6—节流阀；7—换向阀；8—活塞；9—液压缸

图1-3　用图形符号表示的磨床工作台液压系统图

1.4　液压传动的优缺点

1.4.1　液压传动系统的主要优点

液压传动与机械传动、电气传动相比有以下主要优点：

(1)在同等功率情况下,液压执行元件体积小、重量轻、结构紧凑。例如同功率液压马达的重量约只有电动机的1/6左右。

(2)液压装置工作比较平稳,由于重量轻、惯性小、反应快,液压装置易于实现快速启动、制动和频繁的换向。

(3)操纵控制方便,可实现大范围的无级调速(调速范围达 2000∶1),它还可以在运行的过程中进行调速。

(4)既易实现机器的自动化,又易于实现过载保护,当采用电液联合控制甚至计算机控制后,可实现大负载、高精度、远程自动控制。

(5)一般采用矿物油为工作介质,相对运动面可自行润滑,使用寿命长。

(6)液压元件实现了标准化、系列化、通用化,便于设计、制造和使用。

1.4.2　液压传动系统的主要缺点

(1)液压传动不能保证严格的传动比,这是由于液压油的可压缩性和泄漏造成的。

(2)工作性能易受温度变化的影响,因此不宜在很高或很低的温度条件下工作。

(3)由于流体流动的阻力损失和泄漏较大,所以效率较低,不宜用于远距离传动。如果泄漏处理不当,不仅污染场地,而且还可能引起火灾和爆炸事故。

(4)为了减少泄漏,液压元件在制造精度上要求较高,因此它的造价高,且对油液的污染比较敏感。

总的说来,液压传动的优点是突出的,它的一些缺点有的现已大为改善,有的将随着科学技术的发展而进一步得到解决。

1.5　液压传动的应用与发展

从 18 世纪末英国制成世界上第一台水压机算起,液压传动技术已有 200 多年的历史了,而液压传动技术应用于生产、生活中只是近几十年的事。正是由于液压传动技术具有前述独特优点,使其广泛应用于机床、汽车、航天、工程机械、起重运输机械、矿山机械、建筑机械、农业机械、冶金机械、轻工机械和各种智能机械上。

我国的液压传动技术是在新中国成立后发展起来的,最初只应用于锻压设备上。60 多年来,我国的液压传动技术从无到有,发展很快,从最初的引进国外技术到现在进行产品自主设计,制成了一系列液压产品,并在性能、种类和规格上与国际先进新产品水平接近。

随着世界工业水平的不断提高,各类液压产品的标准化、系列化和通用化也使液压传动技术得到了迅速发展,液压传动技术开始向高压、高速、大功率、高效率、低噪声、低能耗、高度集成化等方向发展。可以预见,液压传动技术将在现代化生产中发挥越来越重要的作用。

习题 1

1-1 液压传动的基本原理是什么？液压系统的基本组成部分有哪些？各部分的作用是什么？

1-2 液压传动有哪些特点？

第2章 流体力学基础

流体力学是研究流体平衡和运动规律的一门学科。本章除了简要地叙述液压油液的性质、液压油液的要求和选用等内容外,还着重阐述液体的静力学特性、静力学基本方程式和动力学的几个重要方程式。为以后分析、设计以至使用液压传动系统打下坚实的理论基础。

通过本章学习,要求掌握:

1. 液压油的主要性质。
2. 流体力学基础知识,即连续方程、伯努利方程。
3. 液压冲击及气穴现象。

本章难点:

1. 液体粘性的概念。
2. 伯努利方程的物理意义及其应用。

2.1 液压传动的工作介质

工作介质在传动及控制中起传递能量和信号的作用。液压传动及控制在工作、性能特点上和机械、电力传动之间的差异主要取决于载体不同,因此在掌握液压与气动技术之前,必须先对其工作介质有一清晰的了解。

2.1.1 液压油的主要性质

液压传动所用液压油一般为矿物油。它不仅在液压传动及控制中起到传递能量和信号的作用,而且还起到润滑、冷却和防锈的作用。

1. 液体的密度

单位体积液体的质量称为液体的密度。体积为 V、质量为 m 的液体的密度 ρ 为

$$\rho = \frac{m}{V} \qquad (2-1)$$

液压油的密度是一个重要的物理参数,密度随温度和压力而变化,但其变动值很小,可认为其为常数,一般矿物油系液压油在 20 ℃时密度约为 $850\sim900$ kg/m³ 左右。

2. 液体的可压缩性

液体受压力作用而发生体积变化的性质称为液体的可压缩性。在常温下,一般可认为油液是不可压缩的,但当液压油中混有空气时,其抗压缩能力会显著降低,应力求减少油液中混入的气体及其它易挥发物质的含量,以减小对液压系统工作性能的不良影响。液体的压缩性可用体积压缩系数 k 或液体的体积弹性模量 K 表示,

$$K = \frac{1}{k}$$

封闭在容器内的液体在外力作用下的情况极像 个弹簧(称为液压弹簧):外力增大,体积

减小;外力减小,体积增大。液体的可压缩性很小,在一般情况下当液压系统在稳态下工作时可以不考虑可压缩的影响。但在高压下或受压体积较大以及对液压系统进行动态分析时,就需要考虑液体可压缩性的影响。

3. 液体的粘性

(1)粘性的概念　液体在外力作用下流动(或有流动趋势)时,分子间的内聚力要阻止分子间的相对运动而产生一种内摩擦力,这种现象叫做液体的粘性。液体只有在流动(或有流动趋势)时才会呈现出粘性,静止的液体是不呈现粘性的。

(2)牛顿液体内摩擦定律　如图2-1所示,设两平行平板间充满液体,下平板保持不动,上平板以速度u_0向右平移。由于液体存在粘性以及液体和固体壁面间的附着力,液体内部各层间的速度将呈阶梯状分布,紧贴下平板的液体层速度为0,紧贴上平板的液体层速度为u_0,而中间各层液体的速度则呈线性规律分布。

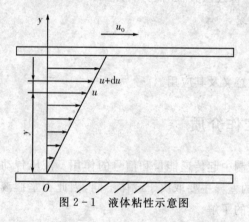

图2-1　液体粘性示意图

实验测定表明:

$$F = \mu A \frac{\mathrm{d}u}{\mathrm{d}y} \tag{2-2}$$

式中:F 为相邻液层间的内摩擦力(N);

A 为液层的接触面积(m^2);

$\dfrac{\mathrm{d}u}{\mathrm{d}y}$ 为液层间的速度梯度;

μ 为动力粘度(Pa·s)。

若以 τ 表示切应力,即单位面积上的内摩擦力,则

$$\tau = \frac{F}{A} = \mu \frac{\mathrm{d}u}{\mathrm{d}y} \tag{2-3}$$

这就是牛顿的液体内摩擦定律。

(3)粘度　液体的粘性大小可用粘度来表示。粘度的表示方法有动力粘度、运动粘度、相对粘度。

①动力粘度 μ

式(2-2)中 μ 为由液体种类和温度决定的比例系数,它是表征液体粘性的内摩擦系数。如果用它来表示液体粘度的大小,就称为动力粘度,或称绝对粘度。

动力粘度 μ 的物理意义是:液体在单位速度梯度下流动时单位面积上产生的内摩擦力。

动力粘度的单位为 Pa·s(帕·秒,N·s/m²)。

②运动粘度 ν

液体的动力粘度 μ 与其密度 ρ 的比值,称为液体的运动粘度 ν,

$$\nu = \frac{\mu}{\rho} \qquad (2-4)$$

运动粘度的单位是 m²/s(米²/秒),它是工程实际中经常用到的物理量,国际标准化组织 ISO 规定统一采用运动粘度来表示油的粘度等级。

③相对粘度

相对粘度是根据特定测量条件制定的,又称为条件粘度。测量条件不同,采用的相对粘度单位也不同,如恩氏粘度 E(中国、德国、前苏联)、通用赛氏秒 SUS(美国、英国)、商用雷氏秒 R_1s(英国、美国)等。

恩氏粘度用恩氏粘度计测定,即将 200 mL 温度为 t℃ 的被测液体装入粘度计的容器内,由其底部 Φ2.8 mm 的小孔流出,测出液体流尽所需时间 t_1,再测出相同体积温度为 20 ℃ 的蒸馏水在同一容器中流尽所需的时间 t_2;这两个时间之比即为被测液体在 t℃ 下的恩氏粘度,即

$$E_t = \frac{t_1}{t_2} \qquad (2-5)$$

④粘温特性

液体的粘度随温度变化的性质称为粘温特性。液压油的粘度对温度变化十分敏感,当油液温度升高时,其粘度显著下降。油液粘度的变化直接影响到液压系统的性能和泄漏量,因此希望油液粘度随温度的变化越小越好。不同温度油液的粘度,可以从液压设计手册中直接查出。在液压技术中,希望工作液体的粘度随温度变化越小越好。

对液压油来说,压力也会影响粘度的变化。压力增大时,粘度增大,但影响很小,通常忽略不计。

油液的其它物理及化学性质包括:抗燃性、抗凝性、抗氧化性、抗泡沫性、抗乳化性、防锈性、润滑性、导热性、相容性以及纯净性等,具体可参考相关产品手册。

2.1.2　液压油液的使用要求

(1)合适的粘度和良好的粘温特性。

(2)良好的化学稳定性。

(3)良好的润滑性能,以减小元件中相对运动表面的磨损。

(4)质地纯净,不含或含有极少量的杂质、水分和水溶性酸碱等。

(5)对金属和密封件有良好的相容性。

(6)抗泡沫性好,抗乳化性好,腐蚀性小,抗锈性好。

(7)体积膨胀系数低,比热容高。

(8)凝固点低,闪点和燃点高。

(9)对人体无害、成本低。

2.1.3　液压油液的分类和选用

1. 液压油液的分类

目前,我国各种液压设备所采用的液压油液,按抗燃烧特性可分为两大类:分别为矿油系

和不燃或难燃油系。大多数设备的液压系统采用是矿油系。不燃或难燃油系可分为水基液压油和合成液压油两种。

矿油系液压油的主要品种有普通液压油、抗磨液压油、低温液压油、高粘度指数液压油、液压导轨油等。矿油系液压油的润滑性和防锈性好,粘度等级范围也较宽,因而在液压系统中应用很广。汽轮机油是汽轮机专用油,常用于一般液压传动系统中。普通液压油的性能可以满足液压传动系统的一般要求,广泛适用于在常温工作的中低压系统。抗磨液压油、低温液压油、高粘度指数液压油、液压导轨油等,专用于相应的液压系统中。矿油系液压油具有可燃性,为了安全起见,在一些高温、易燃、易爆的工作场合,常用水包油、油包水等乳化液,或水-乙二醇、磷酸酯等合成液。

2. 液压油液的选用原则

选择液压油时,首先考虑其粘度是否满足要求,同时兼顾其它方面。选择时应考虑如下因素:

(1)液压泵的类型 液压泵的类型较多,同类泵又因功率、转速、压力、流量等原因的影响使液压泵的选用比较复杂。常根据泵内零件的运动速度、承受压力、润滑及温度选择适宜的液压油。

(2)工作压力 当系统的工作压力较高时,宜选用粘度较高的液压油,以减少泄漏,提高容积效率;当工作压力较低时,宜选用粘度较低的液压油,以减少压力损失。

(3)运动速度 当运动部件的速度较高时,为减小压力损失,宜选用粘度较低的液压油;反之则选用粘度较高的液压油。

(4)环境温度 环境温度较高时,宜选用粘度较高的液压油;反之则选用粘度较低的液压油。

除此之外,我们在选择液压油时,还需兼顾防止环境污染、系统经济性等因素综合选取。

2.1.4 液压油液污染的控制

要长时间地保持液压系统高效而可靠地工作,除了选好工作介质以外,还必须合理使用和正确维护工作介质。工作介质维护的关键是控制污染。统计表明,工作介质的污染是液压系统发生故障的主要原因。

1. 污染物的种类与来源

(1)系统内原来残留的 主要指液压元件在制造、储存、运输、安装或维修时残留的铁屑、毛刺、焊渣、铁锈、砂粒、涂料渣、清洗液等对液压油的污染。

(2)外界侵入的 主要是外界环境中的空气、尘埃、切屑、棉纱、水滴、冷却用乳化液等,通过油箱通气孔和外露的往复运动活塞杆和注油孔等处侵入系统而造成的污染。

(3)系统内部生成的 主要指在工作过程中系统产生的污染物,主要有液压油变质后的胶状生成物、涂料及密封件的剥离物、金属氧化后剥落的微屑及元件磨损形成的颗粒等。

2. 油液污染的危害

油液的污染直接影响液压系统的工作可靠性和元件的使用寿命。资料显示,液压系统故障的70%是由油液污染造成的。工作介质被污染后,将对液压系统和液压元件产生下述不良影响:

(1)元件的污染磨损 固体颗粒、胶状物、棉纱等杂物,会加速元件的磨损。

（2）元件的堵塞与卡紧　固体颗粒物堵塞阀类件的小孔和缝隙,致使阀的动作失灵而导致性能下降;堵塞滤油器使泵吸油困难并产生噪声,还能擦伤密封件,使油的泄漏量增加。

（3）加速油液性能劣化　水分、空气的混入,会使系统工作不稳定,产生振动、噪声、低速爬行及启动时突然前冲的现象;还会在管路狭窄处产生气泡,加速元件的氧化腐蚀;清洗液、涂料、漆屑等混入液压油中后,会降低油的润滑性能并使油液氧化变质。

3. 油液污染的控制措施

油液污染的原因是多方面的,为控制污染需采取一些必要的措施。

（1）严格清洗元件和系统　液压元件、油箱和各种管件在组装前应严格清洗,组装后直对系统进行全面彻底的冲洗,并将清洗后的介质换掉。

（2）防止污染物侵入　在设备运输、安装、加注和使用过程中,都应防止工作介质被污染。介质注入时,必须经过滤油器;油箱通大气处要加空气滤清器;采用密闭油箱,防止尘土、磨料和冷却液侵入等;维修拆卸元件应在无尘区进行。

（3）控制工作介质的温度　应采用适当措施（如水冷、风冷等）控制系统的工作温度,以防止温度过高,造成工作介质氧化变质,产生各种生成物。一般液压系统的温度应控制在 65 ℃以下,机床的液压系统应更低一些。

（4）采用高性能的过滤器　研究表明,由于液压元件相对运动表面间隙较小,如果采用高精度的过滤器有效地控制 1～5 tLm 的污染颗粒,液压泵、液压马达、各种液压阀及液压油的使用寿命均可大大延长,液压故障就会明显减少。另外,必须定期检查和清洗过滤器或更换滤芯。

（5）定期检查和更换工作介质　每隔一定时间,要对系统中的工作介质进行抽样检查,分析其污染程度是否在系统允许的使用范围内,如不合要求,应及时更换。在更换新的工作介质前,必须对整个液压系统进行彻底清洗。

4. 液压油的更换

合理选用液压油仅是液压设备正常工作的基础,在系统运行过程中,应及时监测液压油的性能变化,确保及时换油,以延长液压系统寿命,避免发生系统故障。液压油的寿命因品种、工作环境和系统不同而有较大差异。在长期工作过程中,由于水、空气、杂质和磨损物的进入,在温度、压力、剪切作用下,液压油的性能会下降。为了确保液压系统的正常运转,液压油应及时更换。

2.2　液体静力学

液体静力学是研究液体处于静止状态下的力学规律以及这些规律的应用。这里所说的静止状态是指液体内部各个质点之间没有相对位移,液体整体完全可以做各种运动。

1. 液体的压力

液体单位面积上所受的法向力称为压力。这一定义在物理中称为压强,但在液压传动中习惯称为压力。压力通常用 p 表示,即

$$p = \frac{F}{A}$$

（2 - 6）

压力的法定计量单位为 Pa（帕,N/m²）。由于 Pa 单位太小,工程上使用不便,因而用 MPa（兆帕）。它们的换算关系是 1 MPa＝10⁶ Pa。

2. 液体静压力的特性

(1)液体静压力垂直于作用表面,其方向和该面的内法线方向一致;

(2)静止液体内任一点所受的静压力在各个方向上都相等。

3. 静止液体的压力分布

在重力作用下,密度为 ρ 的液体在容器中处于静止状态,其外加压力为 p_0,为求出任意深度 h 处的压力 p,从液面往下切取一个底面积为 ΔA、高为 h 的小液柱为研究体。相应的受力情况如图 2-2 所示。

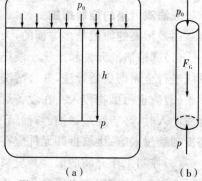

由于小液柱处于平衡状态,因此有

$$p\Delta A = p_0\Delta A + \rho g h \Delta A \qquad (2-7)$$

即

$$p = p_0 + \rho g h \qquad (2-8)$$

式(2-8)就是液体静力学基本方程。由此可知,重力作用下的静止液体压力分布有如下特点:

（a）　　　　　　　（b）

图 2-2　静止液体中的压力分布

(1)静止液体内任一点的压力都由两部分组成:液面上的压力和该点以上液体的重力;

(2)静止液体内的压力 p 随液体深度 h 呈直线分布;

(3)距液面深度 h 相同的各点组成了等压面,这个等压面是水平面。

需要注意的是,液体在受外界压力作用的情况下,液体自重所形成的那部分压力 $\rho g h$ 相对非常小,在分析液压系统的压力时常可忽略不计,因而我们可以近似认为整个液体内部的压力是相等的。

4. 压力表示方法和单位

压力有两种表示方法:绝对压力和相对压力。以绝对真空为基准度量的压力叫做绝对压力;以大气压为基准度量的压力叫做相对压力或表压。这是因为大多数测量仪表都受大气压作用,这些仪表指示的压力是相对压力。在液压与气压传动系统中,如不特别说明,提到的压力均指相对压力。

如果液体中某点的绝对压力小于大气压力,比大气压力小的那部分数值叫做这点的真空度。绝对压力、相对压力和真空度的关系如图 2-3 所示。

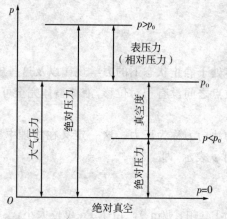

图 2-3　绝对压力、相对压力和真空度之间的关系

压力的标准计量单位是 Pa(帕)、MPa(兆帕)等。

5. 帕斯卡原理

帕斯卡原理表明了静止液体中压力的传递规律。密闭容器中的静止液体,当外加压力发生变化时,液体内任一点的压力将发生同样大小的变化,即施加于静止液体上的压力可以等值传递到液体内各点。这就是帕斯卡原理。

6. 液体静压力作用在固体壁面上的力

液体与容器的固体表面相接触时产生相互作用力。当固体表面是平面时,若不计液体重力的作用,则作用在该平面上的力 F 等于静压力 p 与承压面积 A 的乘积,作用力的方向垂直指向该平面,即

$$F = pA \tag{2-9}$$

当固体表面为如图 2-4 所示的曲面时,如果要求液压油对液压缸右半部缸筒内壁 x 方向上的作用力 F_x,可以计算如下:

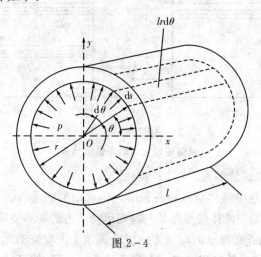

图 2-4

$$F_x = \int_{-\frac{\pi}{2}}^{\frac{\pi}{2}} \mathrm{d}F_x = \int_{-\frac{\pi}{2}}^{\frac{\pi}{2}} plr\cos\theta\mathrm{d}\theta = 2plr = pA_x \tag{2-10}$$

可见,液体对曲面在某方向上的作用力等于液体压力和曲面在该方向上投影面积的乘积。

2.3　液体动力学

液体动力学主要研究液体流动时流速和压力之间的变化规律。其中,流动液体的连续性方程、伯努利方程、动量方程是描述流动液体力学规律的三个基本方程。

2.3.1　基本概念

1. 理想液体与定常流动

液体具有粘性,并在流动时表现出来,因此研究流动液体时就要考虑其粘性,而液体的粘性阻力是一个很复杂的问题,这就使我们对流动液体的研究变得复杂。因此,我们引入理想液体的概念,首先对理想液体进行研究,然后再通过实验验证的方法对所得的结论进行补充和修正。这样,不仅使问题简单化,而且得到的结论在实际应用中仍具有足够的精确性。

（1）理想液体与实际液体　理想液体就是指没有粘性、不可压缩的液体。事实上既具有粘性又可压缩的液体称为实际液体。

（2）恒定流动与非恒定流动　当液体流动时，液体中任何一点处的压力、流速和密度不随时间变化而变化，则称为恒定流动；反之，若液体中任何一处的压力、流速或密度中有一个参数随时间变化而变化，则称为非恒定流动。

在图 2-5(a)中，我们对容器出流的流量给予补偿，使其液面高度不变，这样，容器中各点的液体运动参数 p、v、ρ 都不随时间而变，这就是定常流动。在图 2-5(b)中，我们不对容器的出流给予流量补偿，则容器中各点的液体运动参数将随时间而改变，例如随着时间的消逝，液面高度逐渐减低，因此，这种流动为非定常流动。

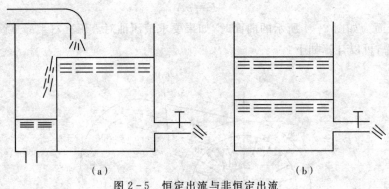

图 2-5　恒定出流与非恒定出流
(a)恒定出流；(b)非恒定出流

2. 迹线、流线、流束和通流截面

（1）迹线　迹线是流场中液体质点在一段时间内运动的轨迹线。

（2）流线　流线是流场中液体质点在某一瞬间运动状态的一条空间曲线。在该线上各点的液体质点的速度方向与曲线在该点的切线方向重合。在非定常流动时，因为各质点的速度可能随时间改变，所以流线形状也随时间改变。在定常流动时，因流线形状不随时间而改变，所以流线与迹线重合。由于液体中每一点只能有一个速度，所以流线之间不能相交也不能折转。

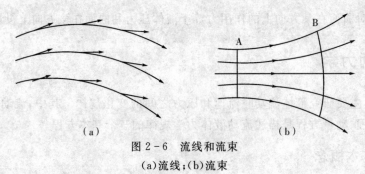

图 2-6　流线和流束
(a)流线；(b)流束

（3）流束　充满在流管内的流线的总体，称为流束。

（4）通流截面　垂直于流束的截面称为通流截面。

3. 流量和平均流速

（1）流量　单位时间内通过通流截面的液体的体积称为流量，用 q_V 表示，流量的常用单位为 L/min(升/分)。

（2）平均流速　在实际液体流动中，由于粘性摩擦力的作用，通流截面上流速 u 的分布规律难以确定，因此引入平均流速的概念，即认为通流截面上各点的流速均为平均流速，用 v 来表示，则通过通流截面的流量就等于平均流速乘以通流截面积。令此流量与上述实际流量相等，得：

$$q_V = \int_A u\, \mathrm{d}A = vA \qquad (2-11)$$

则平均流速为：

$$v = \frac{q_V}{A} \qquad (2-12)$$

4. 流动状态、雷诺数

实际液体具有粘性，是产生流动阻力的根本原因。然而流动状态不同，阻力大小也是不同的。所以先研究两种不同的流动状态。

（1）流动状态——层流和紊流　液体在管道中流动时存在两种不同状态，它们的阻力性质也不相同。虽然这是在管道液流中发生的现象，却对气流和潜体也同样适用。

试验装置如图 2-7 所示，试验时保持水箱中水位恒定和平静，然后将阀门 A 微微开启，使少量水流流经玻璃管，即玻璃管内平均流速 v 很小。这时，如将颜色水容器的阀门 B 也微微开启，使颜色水也流入玻璃管内，我们可以在玻璃管内看到一条细直而鲜明的颜色流束，而且不论颜色水放在玻璃管内的任何位置，它都能呈直线状，这说明管中水流都是安定地沿轴向运动的，液体质点没有垂直于主流方向的横向运动，所以颜色水和周围的液体没有混杂。如果把阀门 A 缓慢开大，管中流量和它的平均流速 v 也将逐渐增大，直至平均流速增加至某一数值，颜色流束开始弯曲颤动，这说明玻璃管内液体质点不再保持安定，开始发生脉动，不仅具有横向的脉动速度，而且也具有纵向脉动速度。如果阀门 A 继续开大，脉动加剧，颜色水就完全与周围液体混杂而不再维持流束状态。

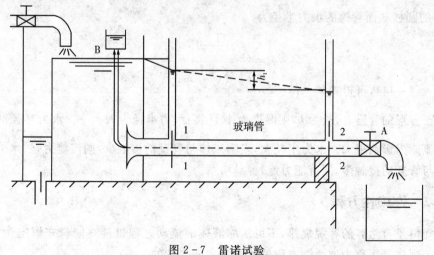

图 2-7　雷诺试验

层流——在液体运动时，如果质点没有横向脉动，不引起液体质点混杂，而是层次分明，能够维持安定的流束状态，这种流动称为层流。

紊流——如果液体流动时质点具有脉动速度，引起流层间质点相互错杂交换，这种流动称为紊流或湍流。

（2）雷诺数　液体流动时究竟是层流还是紊流,须用雷诺数来判别。

实验证明,液体在圆管中的流动状态不仅与管内的平均流速 v 有关,还和管径 d、液体的运动粘度 ν 有关。但是,真正决定液流状态的,却是这三个参数所组成的一个称为雷诺数 Re 的无量纲纯数:

$$Re = \frac{vd}{\nu} \qquad (2-13)$$

由式（2-13）可知,液流的雷诺数如相同,它的流动状态也相同。当液流的雷诺数 Re 小于临界雷诺数时,液流为层流;反之,液流大多为紊流。常见的液流管道的临界雷诺数由实验求得,示于表2-1中。

表 2-1　常见液流管道的临界雷诺数

管道的材料与形状	Re_{cr}	管道的材料与形状	Re_{cr}
光滑的金属圆管	2000～2320	带槽装的同心环状缝隙	700
橡胶软管	1600～2000	带槽装的偏心环状缝隙	400
光滑的同心环状缝隙	1100	圆柱形滑阀阀口	260
光滑的偏心环状缝隙	1000	锥状阀口	20～100

对于非阀截面的管道来说,Re 可用下式计算:

$$Re = \frac{4\nu r}{v} \qquad (2-14)$$

式中:Re 为流截面的水力半径,它等于液流的有效截面积 A 和它的湿周(有效截面的周界长度)x 之比,即:

$$R = \frac{A}{x} \qquad (2-15)$$

直径为 D 的圆柱截面管道的水力半径为

$$R = \frac{A}{x} = \frac{\frac{1}{4}\pi d^2}{\pi d} = \frac{d}{4}$$

将此式代入（2-14）,可得式（2-13）。

又如正方形的管道,边长为 b,则湿周为 $4b$,因而水力半径为 $R = \frac{b}{4}$。水力半径的大小,对管道的通流能力影响很大。水力半径大,表明流体与管壁的接触少,同流能力强;水力半径小,表明流体与管壁的接触多,同流能力差,容易堵塞。

2.3.2　连续性方程

质量守恒是自然界的客观规律,不可压缩液体的流动过程也遵守能量守恒定律。在流体力学中这个规律是用称为连续性方程的数学形式来表达的。

其中不可压缩流体作定常流动的连续性方程为:

$$v_1 A_1 = v_2 A_2 \qquad (2-16)$$

由于通流截面是任意取的,则有:

$$q = v_1 A_1 = v_2 A_2 = v_3 A_3 = \cdots = v_n A_n = 常数 \qquad (2-17)$$

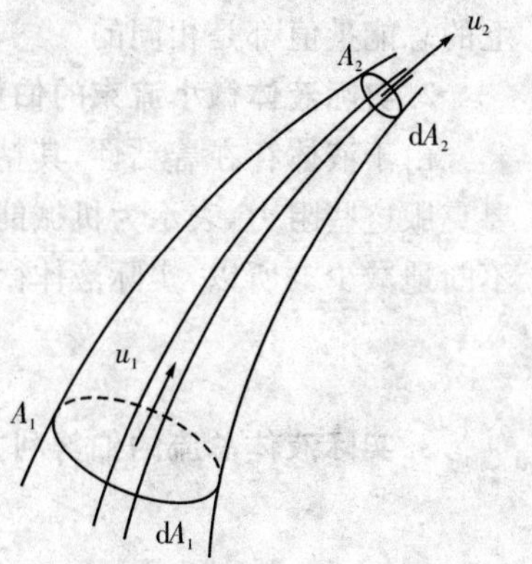

式中：v_1，v_2 分别是流管通流截面 A_1 及 A_2 上的平均流速。

式(2-17)表明通过流管内任一通流截面上的流量相等，当流量一定时，任一通流截面上的通流面积与流速成反比。则有任一通流断面上的平均流速为：

$$v_i = \frac{q}{A_i}$$

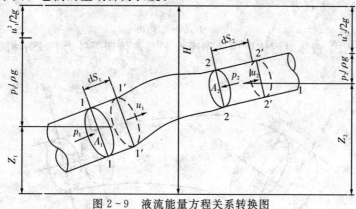

图 2-8　液体的微小流束连续性流动示意图

2.3.3　伯努利方程

能量守恒是自然界的客观规律，流动液体也遵守能量守恒定律，这个规律是用伯努利方程的数学形式来表达的。伯努利方程是一个能量方程，掌握这一物理意义是十分重要的。

1. 理想液体微小流束的伯努利方程

为研究的方便，一般将液体作为没有粘性摩擦力的理想液体来处理。

$$\frac{p_1}{\rho g} + Z_1 + \frac{u_1^2}{2g} = \frac{p_2}{\rho g} + Z_2 + \frac{u_2^2}{2g} \qquad (2-18)$$

式中：$\frac{p}{r}$ 为单位重量液体所具有的压力能，称为比压能，也叫做压力水头。Z 为单位重量液体所具有的势能，称为比位能，也叫做位置水头。$\left(\frac{u_2}{2g}\right)$ 为单位重量液体所具有的动能，称为比动能，也叫做速度水头。它们的量纲都为长度。

图 2-9　液流能量方程关系转换图

对伯努利方程可作如下的理解：

（1）伯努利方程式是一个能量方程式，它表明在空间各相应通流断面处流通液体的能量守恒规律。

（2）理想液体的伯努利方程只适用于重力作用下的理想液体作定常活动的情况。

（3）任一微小流束都对应一个确定的伯努利方程式，即对于不同的微小流束，它们的常量值不同。

伯努利方程的物理意义为：在密封管道内做定常流动的理想液体在任意一个通流断面上具有三种形成的能量，即压力能、势能和动能。三种能量的总合是一个恒定的常量，而且三种能量之间是可以相互转换的，即在不同的通流断面上，同一种能量的值会是不同的，但各断面上的总能量值都是相同的。

2. 实际液体微小流束的伯努利方程

由于液体存在着粘性,其粘性力在起作用,并表示为对液体流动的阻力,实际液体的流动要克服这些阻力,表示为机械能的消耗和损失,因此,当液体流动时,液流的总能量或总比能在不断地减少。所以,实际液体微小流束的伯努力方程为

$$\frac{p_1}{\gamma}+Z_1+\frac{u_1^2}{2g}=\frac{p_2}{\gamma}+Z_2+\frac{u_2^2}{2g}+h_\omega \tag{2-19}$$

3. 实际液体总流的伯努利方程

$$\frac{p_1}{\gamma}+Z_1+\frac{\alpha_1 v_1^2}{2g}=\frac{p_2}{\gamma}+Z_2+\frac{\alpha_2 v_2^2}{2g}+h_\omega \tag{2-20}$$

伯努利方程的适用条件为:

(1)稳定流动的不可压缩液体,即密度为常数。

(2)液体所受质量力只有重力,忽略惯性力的影响。

(3)所选择的两个通流截面必须在同一个连续流动的流场中是渐变流(即流线近于平行线,有效截面近于平面)。而不考虑两截面间的流动状况。

2.3.4 动量方程

动量方程是动量定理在流体力学中的具体应用。流动液体的动量方程是流体力学的基本方程之一,它是研究液体运动时作用在液体上的外力与其动量的变化之间的关系。在液压传动中,计算液流作用在固体壁面上的力时,应用动量方程去解决就比较方便。

流动液体的动量方程为:

$$F=\rho q(\beta_2 v_2 - \beta_1 v_1) \tag{2-21}$$

它是一个矢量表达式,液体对固体壁面的作用力 F 与液体所受外力 F 大小相等方向相反。

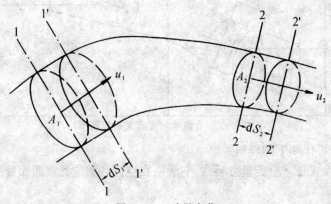

图 2-10　动量变化

2.4　液体流动时的压力损失

实际液体具有粘性,流动时会有阻力产生。为了克服阻力,流动液体需要损耗一部分能量。其次,液体在流动时会因为管道尺寸或形变而产生撞击和出现旋涡,也会造成能量损失。

这些能量损失被称为压力损失。在液压系统中,压力损失不仅表明系统损耗了能量,并且由于液压能转变为热能,将导致系统的温度升高。因此,在设计液压系统时,要尽量减少压力损失。压力损失可分为两类:沿程压力损失和局部压力损失。

2.4.1　沿程压力损失

液体在等径直管中流动时因粘性摩擦而产生的压力损失,称为沿程压力损失。液体的流动状态不同,所产生的沿程压力损失也有所不同。

1. 层流时的沿程压力损失

液体在等径水平直管中做层流运动。层流时液体质点做有规则的流动,因此可以用数学工具全面探讨其流动状况,并最后导出沿程压力损失 $\Delta p\lambda$ 的计算公式:

$$\Delta p\lambda = \frac{\lambda_1 v_2 \rho}{2d} \tag{2-22}$$

式中:λ 为沿程阻力系数。液体在层流时,沿程阻力系数的理论值 $\lambda = \dfrac{64}{Re}$。考虑到实际圆管截面可能有变形,以及靠近管壁处的液层可能冷却,因而在实际计算时,对金属管取 $\lambda = \dfrac{75}{Re}$,橡胶管 $\lambda = \dfrac{80}{Re}$。

l 为油管长度,m;

d 为油管内径,m;

ρ 为液体的密度,kg/m;

v 为液流的平均流速,m/s。

2. 紊流时的沿程压力损失

紊流时计算沿程压力损失的公式在形式上与层流时相同,但式(2-22)中的阻力系数 λ,除与雷诺数 Re 有关外,还与管壁的表面粗糙度有关,即 $\lambda = f\left(Re, \dfrac{\Delta}{d}\right)$,这里的 Δ 为管壁的绝对表面粗糙度,它与管径 d 的比值 $\dfrac{\Delta}{d}$ 称为相对表面粗糙度。对于光滑管,当 $2.32 \times 10^3 \leqslant Re < 10^5$ 时,$\lambda = 0.3164Re - 0.25$;对于粗糙管,$\lambda$ 的值可以根据不同的 Re 和 $\dfrac{\Delta}{d}$ 从有关液压传动设计手册中查出。

2.4.2　局部压力损失

液体流经管路的弯头、接头、突变截面以及阀口、滤网等局部装置时,液流会产生旋涡,并发生强烈的紊动现象,由此而造成的压力损失称为局部压力损失。当液体流过上述各种局部装置时,流动状况极为复杂,影响因素较多,局部压力损失值不易从理论上进行分析计算,因此局部压力损失的阻力系数一般要依靠实验来确定。局部压力损失 $\Delta p\xi\xi\lambda$ 的计算公式如下:

$$\Delta p\xi = \frac{\xi v^2 \rho}{2} \tag{2-23}$$

式中:ξ 为局部阻力系数。各种局部装置结构的亭值可查阅有关液压传动设计手册。

ρ 为液体的密度,kg/m;

v 为液流在该局部结构中的平均流速,m/s。

2.4.3　管路系统的总压力损失

整个管路系统的总压力损失$\sum\Delta p$等于油路中各串联直管的沿程压力损失$\sum\Delta p\lambda$和局部压力损失$\sum\Delta p\xi$之和,即

$$\sum\Delta p = \sum\Delta p\lambda + \sum\Delta p\xi + \sum\Delta pv = \frac{\sum\lambda_1 v^2\rho}{2d} + \frac{\sum\xi v^2\rho}{2} \tag{2-24}$$

在液压系统中,绝大部分压力损失将转变为热能,造成系统温度增高,泄漏增大,以致影响系统的工作性能。从压力损失计算公式可以看出,减小流速,缩短管路长度,减少管路截面的突变,提高管路内壁的加工质量等,都可使压力损失减小。其中以流速的影响为最大,故液体在管路系统中的流速不应过高。

2.5　小孔流量

液压传动中常利用液体流经阀的小孔来控制流量和压力,以达到调速和调压的目的。讨论小孔的流量计算,了解其影响因素,对于合理设计液压系统,正确分析液压元件和系统的工作性能是很有必要的。

当小孔的通流长度L和孔径d之比(即长径比)$\frac{L}{d}\leqslant0.5$时,称为薄壁小孔;当$\frac{L}{d}>4$时,称为细长孔;当$0.5<\frac{L}{d}\leqslant4$时,称为短孔。

图2-11所示为进口边做成锐缘的典型薄壁孔口。由于惯性作用,液流通过小孔时要发生收缩现象,在靠近孔口的后方出现收缩最大的过流断面。现列出孔前通道断面1-1和收缩断面2-2之间的伯努利方程为

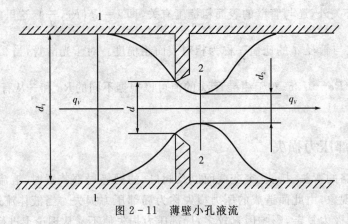

图2-11　薄壁小孔液流

$$p_1 + \rho g h_1 + \frac{\alpha_1\rho v_1^2}{2} = p_2 + \rho g h_2 + \frac{\alpha_2\rho v_2^2}{2} + \Delta p_w \tag{2-25}$$

式(2-25)中:$h_1=h_2$;因v_1比v_2小得多,可以忽略不计;收缩断面的流速分布均匀,$\alpha_1=1$;而仅为局部损失,即$\Delta p_w = \frac{\xi v_2^2\rho}{2}$。

代入式(2-48)后得

$$v_2 = C_v \sqrt{\frac{2p}{p}} \tag{2-26}$$

式中：Δp 为小孔前后压力差，MPa；

　　C_v 为速度系数。

2.6　气穴现象和液压冲击

液压冲击和气穴现象会给液压系统的正常工作带来不利影响，因此需要了解这些现象产生的原因，并采取措施加以防治。

2.6.1　气穴现象

在液体流动中，因某点处的压力低于空气分离压而产生大量气泡的现象，称为气穴现象。

1. 气穴现象的机理

液压油中总是含有一定量的空气。常温时，矿物型液压油在一个大气压下含有 6%～12% 的溶解空气。溶解空气对液压油的体积模量没有影响。当油的压力低于液压油在该温度下的空气分离压时，溶于油中的空气就会迅速地从油中分离出来，产生大量气泡。含有气泡的液压油，其体积模量将减小。所含气泡越多，油的体积模量越小。

若液压油在某温度下的压力低于液压油在该温度下的饱和蒸气压时，油液本身迅速汽化，即油从液态变为气态，产生大量油的蒸气气泡。当上述原因产生的大量气泡随着液流流到压力较高的部位时，因承受不了高压而破灭，产生局部的液压冲击，发出噪声并引起振动。附着在金属表面上的气泡破灭，它所产生的局部高温和高压会使金属剥落，表面粗糙，或出现海绵状小洞穴，这种现象称气蚀。

在液压系统中，当液流流到节流口的喉部或其它管道狭窄位置时，其流速会大为增加。由伯努利方程可知，这时该处的压力会降低，如果压力降低到其工作温度的空气分离压以下，就会出现气穴现象。液压泵的转速过高，吸油管直径太小或滤油器堵塞，都会使泵的吸油口处的压力降低到其工作温度的空气分离压以下，从而产生气穴现象。这将使吸油不足，流量下降，噪声激增，输出油的流量和压力剧烈波动，系统无法稳定工作，甚至使泵的机件腐蚀，出现气蚀现象。

2. 减小气穴现象的措施

要防止气穴现象的产生，就要防止液压系统中出现压力过低的情况，具体措施有以下几点：

(1)减小阀孔前后的压差，一般应使油液在阀前与阀后的压力比小于3.5。

(2)正确设计液压泵的结构参数，适当加大吸油管的内径，限制吸油管中液流的速度，尽量避免管路急剧转弯或存在局部狭窄处，接头要有良好的密封，滤油器要及时清洗或更换滤芯以防堵塞。

(3)提高零件的机械强度，采用抗腐蚀能力强的金属材料。

2.6.2　液压冲击

在液压系统中，经常会由于某些原因而使液体压力突然急剧上升，形成很高的压力峰值，这种现象称为液压冲击。

1. 液压冲击产生的原因和危害

在阀门突然关闭或液压缸快速制动等情况下,液体在系统中的流动会突然受阻。这时,由于液流的惯性作用,液体就从受阻端开始,迅速将动能逐层转换为压力能,因而产生了压力冲击波;此后,又从另一端开始,将压力能逐层转换为动能,液体又反向流动;然后,又再次将动能转换为压力能,如此反复地进行能量转换。这种压力波的迅速往复传播,在系统内形成压力振荡。实际上,由于液体受到摩擦力,而且液体自身和管壁都有弹性,不断消耗能量,才使振荡过程逐渐衰减趋向稳定。

系统中出现液压冲击时,液体瞬时压力峰值可以比正常工作压力大好几倍。液压冲击会损坏密封装置、管道或液压元件,还会引起设备振动,产生很大噪声。有时,液压冲击会使某些液压元件(如压力继电器、顺序阀等)产生误动作,影响系统正常工作,甚至造成事故。

2. 减小液压冲击的措施

(1)延长阀门关闭时间和运动部件的制动时间。实践证明,当运动部件的制动时间大于 0.2 s 时,液压冲击就可大为减轻。

(2)限制管道中液体的流速和运动部件的运动速度。在机床液压系统中,管道中液体的流速一般应限制在 4.5 m/s 以下,运动部件的运动速度一般不宜超过 10 m/min。

(3)适当加大管道直径,尽量缩短管路长度。

(4)在液压元件中设置缓冲装置(如液压缸中的缓冲装置),或采用软管以增加管道的弹性。

(5)在适当的位置安装限制压力升高的溢流阀,在液压系统中设置蓄能器或安全阀。例如:在多路换向阀上安装过载阀、安全阀(溢流阀)、缓冲补油阀等。

 **习题 2**

2-1 什么是粘性? 粘性的大小用粘度来表示,有几种表示方法?

2-2 什么是压力? 压力有几种表示方法?

2-3 简述理想状态下的伯努利方程?

2-4 管路中的压力损失有几种? 分别是什么原因导致的?

2-5 液压传动中气穴现象产生的原因及防治方法?

第3章 液压泵与液压马达

本章主要介绍几种常见的液压泵和液压马达。通过本章的学习,要求掌握液压泵和液压马达的工作原理和主要性能参数,了解常用液压泵的结构特点和使用维修知识。

通过本章学习,要求掌握:

1.容积式液压泵的工作原理、工作压力,排量和流量的概念。

2.液压泵机械效率和容积效率的物理意义。

3.限压式变量叶片泵的工作原理及压力流量特性曲线。

4.液压泵常见故障及其排除方法。

本章难点:

1.液压泵的功率和效率及其计算方法。

2.齿轮泵的困油现象、原因以及消除方法。

3.液压泵常见故障及其排除方法。

3.1 概述

3.1.1 液压泵和液压马达的作用及要求

1.液压泵和液压马达的作用

液压泵是液压系统中的动力装置,是能量转换元件。它由原动机(电动机或内燃机)驱动,将输入的机械能转换为工作液体(液压油)的压力能输出到系统中去,为执行元件提供动力。它是液压系统不可缺少的核心元件,其性能好坏直接影响到系统是否正常工作。

液压马达则是液压系统的执行元件,它把输入油液的压力能转换为输出轴转动的机械能,用来推动负载作功。

液压泵和液压马达的能量转换关系如图 3-1 所示,图 3-1(a)为液压泵,图 3-1(b)为液压马达。

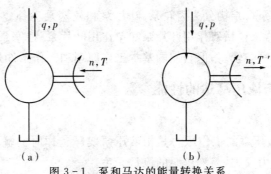

图 3-1 泵和马达的能量转换关系

(a)液压泵;(b)液压马达

23

2. 对液压泵和液压马达的基本要求

(1)节能:系统在不需要高压流体时,应卸载或采用其它的节能措施;

(2)工作平稳:振动小、噪音低,符合有关规定;

(3)美观协调等。

3.1.2 液压泵的工作原理

1. 液压泵的工作原理

图 3-2 所示为一单柱塞液压泵的工作原理。柱塞 2 安装在泵体 3 里,并在弹簧的作用下始终与偏心轮 1 接触,当偏心轮 1 由原动机带动旋转时,柱塞 2 便在泵体 3 内往复动,使密封腔 a 的容积发生变化。柱塞向右运动时,密封容积增大,形成局部真空,油箱的油便在大气压力作用下通过单向阀 4 流入泵体内,单向阀 5 关闭,防止系统油液回流,这时液压泵吸油。柱塞向左运动时,密封容积减小,油液受挤压,便经单向阀 5 压入系统,单向阀 4 关闭,避免油液流回油箱,这时液压泵压油。若偏心轮不停地旋转,泵就不断地吸油和压油。

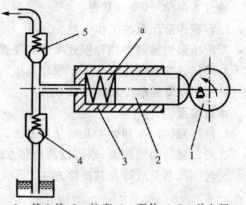

1—偏心轮;2—柱塞;3—泵体;4,5—单向阀

图 3-2 单柱塞液压泵的工作原理

由此可见,液压泵是利用油液的不可压缩性和密封容积的周期性变化来实现的,所以,这类泵又称为容积式液压泵。容积式液压泵其排油量的大小,取决于密封腔的容积变化量。由此得出容积式液压泵正常工作的三个必要条件是:

(1)有周期性的密封容积变化。密封容积由小变大时吸油,由大变小时压油。

(2)一般需有配油装置。它保证密封容积由小变大时只与吸油管连通,密封容积由大变小时只与压油管连通。上述单柱塞液压泵中的两个单向阀 4 和 5 就是起配油作用的,是配油装置的一种类型。

(3)油箱中液压油的压力大于或等于大气压力。

2. 液压泵的分类

工程上常用的液压泵按结构分为齿轮泵、叶片泵和柱塞泵三种。齿轮泵包括外啮合齿轮泵和内啮合齿轮泵;叶片泵包括双作用叶片泵和单作用叶片泵;柱塞泵包括轴向柱塞泵和径向柱塞泵。液压泵的结构种类较多,但它们的基本工作原理和工作条件是相似的。

3.1.3 液压泵与液压马达的性能参数

1. 液压泵的压力

(1)工作压力 p　液压泵的工作压力是指液压泵实际工作时的输出压力。其大小取决于负载和排油管路上的压力损失,与液压泵的流量无关。

(2)额定压力 p_n　液压泵的额定压力是指液压泵在正常工作条件下,按试验标准规定连续运转的最高压力。超过此压力值就是过载。

（3）最高允许压力　液压泵的最高允许压力是指液压泵在超过额定压力的条件下，根据试验标准规定，允许液压泵短暂运行的最高压力。

2. 液压泵的排量

排量 V 是指泵轴每转一周，由其密封容积的几何尺寸变化计算而得的排出液体的体积。

3. 液压泵的流量

液压泵的流量有理论流量、实际流量、额定流量之分。

（1）理论流量 q_{V_t}　液压泵的理论流量是在不考虑泄漏的情况下，泵在单位时间内由其密封容积的几何尺寸变化计算而得的排出液体的体积。理论流量与工作压力无关，等于排量与其转速的乘积，即

$$q_{V_t}=Vn \tag{3-1}$$

（2）实际流量 q_V　液压泵的实际流量是泵工作时实际排出的流量，等于理论流量减去泄漏、压缩等损失的流量 Δq，即

$$q_V=q_{V_t}-\Delta q \tag{3-2}$$

（3）额定流量 q_{V_n}　液压泵的额定流量是泵在额定压力和额定转速下必须保证的输出流量。

4. 液压泵的功率

液压泵输入的是电动机的机械能，表现为转矩 T 和转速 n；其输出的是液体压力能，表现为压力 p 和流量 q。当用液压泵输出的压力能驱动液压缸克服负载阻力 F，并以速度 v 作匀速运动时（若不考虑能量损失），则液压泵和液压缸的理论功率相等，即

$$P_t=2\pi nT_t=Fv=pAv=pq_{V_t} \tag{3-3}$$

式中：n 为液压泵的转速；

　　T_t 为驱动液压泵的理论转矩；

　　P 为液压泵的工作压力；

　　A 为液压缸的有效工作面积。

如果用驱动液压泵的实际转矩 T 代替式中理论转矩 T_t，则可得到液压泵的实际输入功率 P_i；用液压泵的实际流量 q_V 代替式中理论流量 q_{V_t}，可以得到液压泵的实际输出功率 P_o。

5. 液压泵的效率

液压泵的输出功率总是小于输入功率，两者之差即为功率损失。功率损失又可分为容积损失（泄漏造成的流量损失）和机械损失（摩擦造成的转矩损失）。通常容积损失用容积效率 η_v 来表示，机械损失用机械效率 η_m 来表示。

容积效率是指液压泵的实际流量与理论流量比值，即

$$\eta_v=\frac{q_V}{q_{V_t}} \tag{3-4}$$

液压泵的泄漏量随压力升高而增大，相应其容积效率也随压力升高而降低。机械效率是指驱动液压泵的理论转矩与实际转矩的比值，即

$$\eta_m=\frac{T_t}{T} \tag{3-5}$$

由于 $T_t=\dfrac{pV}{2\pi}$，代入式（3-5）中，则有

$$\eta_m = \frac{pV}{2\pi T_t} \qquad (3-6)$$

液压泵的总效率 η 为其实际输出功率 P_o 和实际输入功率 P_i 的比值,即

$$\eta = \frac{P_o}{P_i} = \frac{pq}{2\pi nT} = \eta_v \eta_m \qquad (3-7)$$

6. 液压马达的容积效率和转速

在液压马达的各项性能参数中,压力、排量、流量等参数与液压泵同类参数有相似的含义,其原则差别在于:在泵中它们是输出参数,在马达中它们则是输入参数。

液压马达的容积效率为理论流量 q_{V_t} 比实际流量 q_v,即

$$\eta_v = \frac{q_{V_t}}{q_v} \qquad (3-8)$$

液压马达的转速公式为

$$n = \frac{q_v \eta_v}{V} \qquad (3-9)$$

衡量液压马达转速性能好坏的一个重要指标是最低稳定转速,它是指液压马达在额定负载下不出现爬行(抖动或时转时停)现象的最低转速。在实际工作中,一般都希望最低稳定转速越低越好,这样就可以扩大马达的变速范围。

7. 液压马达的机械效率和转矩

液压马达的机械效率为实际输出转矩 T 和理论转矩 T_t 的比值,即

$$\eta_m = \frac{T}{T_t} \qquad (3-10)$$

设马达进、出口间的工作压力差为 Δp,则马达的输出转矩表达式为

$$T = \frac{\eta_m \Delta p v}{2\pi} \qquad (3-11)$$

8. 液压马达的总效率

液压马达的输入功率为 $P_i = pq_v$,输出功率为 $P_o = 2\pi nT$。液压马达的总效率为输出功率与输入功率的比值,即

$$\eta = \frac{P_o}{P_i} = \frac{2\pi nT}{\Delta p q_v} = \eta_v \eta_m \qquad (3-12)$$

3.2 齿轮泵

齿轮泵是液压系统中广泛采用的一种液压泵,其主要特点是结构简单、制造方便、价格低廉、体积小、重量轻、自吸性能好、对油液污染不敏感、工作可靠;其主要缺点是流量和压力脉动大、噪声大、排量不可调。按结构不同,齿轮泵分为外啮合齿轮泵和内啮合齿轮泵,而以外啮合齿轮泵应用最广。

3.2.1 齿轮泵的工作原理和结构

1. 外啮合齿轮泵的工作原理和结构

外啮合齿轮泵的工作原理如图 3-3 所示。在泵体内装有一对齿数相同、宽度和模数相等

的齿轮,齿轮两端面由端盖密封(图中未画出)。泵体内相互啮合的主、从动齿轮 2 和 3 与两端盖及泵体一起构成密封工作容积,齿轮的啮合点将左、右两腔隔开,形成了吸、压油腔,当齿轮按图示方向旋转时,右侧吸油腔内的轮齿脱离啮合,密封工作腔容积不断增大,形成部分真空,油液在大气压力作用下从油箱经吸油管进入吸油腔,并被旋转的轮齿带入左侧的压油腔。左侧压油腔内的轮齿不断进入啮合,使密封工作腔容积减小,油液受到挤压被排往系统,这就是齿轮泵的吸油和压油过程。在齿轮泵的啮合过程中,啮合点沿啮合线把吸油区和压油区分开。

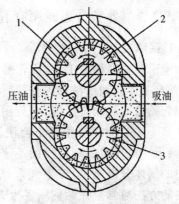

1—泵体;2—主动齿轮;3—从动齿轮

图 3-3　外啮合齿轮泵的工作原理

　　CB—B 齿轮泵的结构如图 3-4 所示,它是分离三片式结构,三片是指泵盖 4、8 和泵体 7。前、后泵盖和泵体由两个定位销 17 定位,用六个螺钉紧固。主动齿轮 6 用键 5 固定在主动轴 12 上并由电动机带动旋转。为了保证齿轮能灵活地转动,同时又要保证泄露最小,在齿轮端面和泵盖之间应有适当间隙(轴向间隙),小流量泵轴向间隙为 0.025~0.04 mm,大流量泵为 0.04~0.06 mm。齿顶和泵体内表面间的间隙(径向间隙),由于密封带长,同时齿顶线速度形成的剪切流动又和油液泄露方向相反,故对泄露的影响较小,传动轴会有变形,当齿轮受到不平衡的径向力后,应避免齿顶和泵体内壁相碰,所以径向间隙就可稍大,一般取 0.13~0.16 mm,为了防止压力油从泵体和泵盖间泄露到泵外,并减小压紧螺钉的拉力,在泵体两侧的端面上开有油封卸荷槽 16,使渗入泵体和泵盖间的压力油引入吸油腔。在泵盖和从动轴上的小孔,其作用是将泄漏到轴承端部的压力油也引到泵的吸油腔去,防止油液外溢,同时也润滑了滚针轴承。

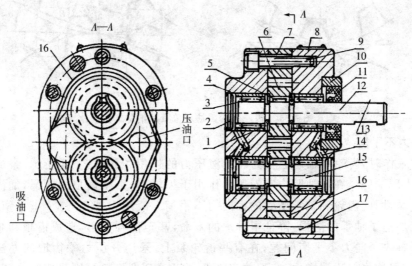

1—轴承外环;2—堵头;3—滚子;4—后泵盖;5—键;6—齿轮;7—泵体;8—前泵盖;9—螺钉;10—压环;
11—密封环;12—主动轴;13—键;14—泻油孔;15—从动轴;16—油封卸荷槽;17—定位销

图 3-4　CB—B 齿轮泵的结构

3.2.2 外啮合齿轮泵存在的几个问题

1. 困油现象

齿轮泵要平稳地工作,齿轮啮合的重合度必须大于1,于是会有两对轮齿同时啮合。此时,就有一部分油液被围困在两对轮齿所形成的封闭腔之内,如图3-5所示。这个封闭腔容积先随齿轮转动逐渐减少(见图3-5(a)～图3-5(b)),以后又逐渐增大(见图3-5(b)～图3-5(c))。封闭容积减小会使被困油液受挤而产生高压,并从缝隙中流出,导致油液发热,轴承等机件也受到附加的不平衡负载作用。封闭容积增大又会造成局部真空,使溶于油中的气体分离出来,产生气穴,引起噪声、振动和气蚀,这就是齿轮泵的困油现象。消除困油的方法通常是在两侧端盖上开卸荷槽(见图3-5(d)中的虚线),使封闭容积减小时通过右边的卸荷槽与压油腔相通,封闭容积增大时通过左边的卸荷槽与吸油腔相通。上述CB-B型泵的前后端盖内侧开有卸荷槽e(见图3-5中的虚线),用来解决困油问题,显然两槽并不对称于中心线分布,而是偏向吸油腔,实践证明,这样的布局能将困油问题解决得更好。

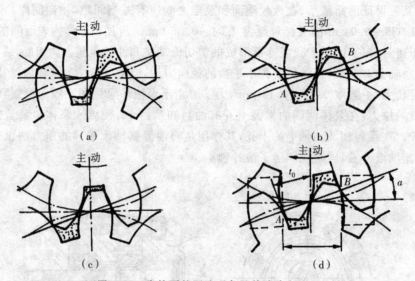

图 3-5 齿轮泵的困油现象及其消除方法

2. 径向力不平衡

齿轮泵工作时,齿轮和轴承会受到径向液压力的作用。如图3-6所示,泵的右侧为吸油腔,左侧为压油腔。在压油腔内有液压力作用于齿轮上,由于齿顶的泄漏,油液压力向吸油腔逐渐递减,因此齿轮和轴承受到的径向力不平衡。液压力越高,这个不平衡力就越大,其结果不仅加速了轴承的磨损,降低了轴承的寿命,甚至使轴变形,造成齿顶和泵体内壁的摩擦。为了解决径向力不平衡问题,在有些齿轮泵上,采用开压力平衡槽的办法来消除径向不平衡力,但这将使泄漏增大,容积效率降低。CB-B型齿轮泵则采用缩小压油腔,以减少液压力对齿顶部分的作用面积来减小径向不平衡力,所以泵的压油口孔径比吸油口孔径要小。

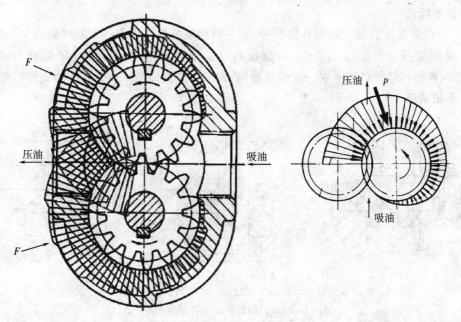

图 3-6　齿轮泵的径向力分布图

3. 泄漏

在液压泵中,运动件间是靠微小间隙密封的。这些微小间隙从运动学上形成摩擦副,而高压腔的油液通过间隙向低压腔泄漏是不可避免的;齿轮泵压油腔的压力油可通过三条途径泄漏到吸油腔去:一是通过齿轮啮合线处的间隙(齿侧间隙),二是通过泵体定子内孔和齿顶圆间隙的径向间隙(齿顶间隙),三是通过齿轮两端面和侧板间的间隙(端面间隙)。在这三类间隙中,端面间隙的泄漏量最大,压力越高,由间隙泄漏的液压油液就越多。因此为了实现齿轮泵的高压化,为了提高齿轮泵的压力和容积效率,需要从结构上来采取措施,一般采用对齿轮端面间隙进行自动补偿的办法。

3.2.3　高压齿轮泵

上述齿轮泵由于泄漏大(主要是端面泄漏,约占总泄漏量的 70%～80%),且存在径向不平衡力,故压力不易提高。高压齿轮泵主要是针对上述问题采取了一些措施,如尽量减小径向不平衡力和提高轴与轴承的刚度;对泄漏量最大处的端面间隙采用了自动补偿装置等。下面对端面间隙的补偿装置作简单介绍。

1. 浮动轴套式

图 3-7(a)是浮动轴套式的间隙补偿装置。它利用泵的出口压力油,引入齿轮轴上的浮动轴套 1 的外侧 A 腔,在液体压力作用下,使轴套紧贴齿轮 3 的侧面,因而可以消除间隙并可补偿齿轮侧面和轴套间的磨损量。在泵启动时,靠弹簧来产生预紧力,保证了轴向间隙的密封。

2. 浮动侧板式

浮动侧板式补偿装置的工作原理与浮动轴套式基本相似,它也是利用泵的出口压力油引到浮动侧板 4 的背面(图 3-7(b)),使之紧贴于齿轮 3 的端面来补偿间隙。启动时,浮动侧板靠密封圈来产生预紧力。

3. 挠性侧板式

图 3-7(c)是挠性侧板式间隙补偿装置,它是利用泵的出口压力油引到侧板 5 的背面后,靠侧板自身的变形来补偿端面间隙的,侧板的厚度较薄,内侧面要耐磨(如烧结有 0.5～0.7 mm 的磷青铜),这种结构采取一定措施后,易使侧板外侧面的压力分布大体上和齿轮侧面的压力分布相适应。

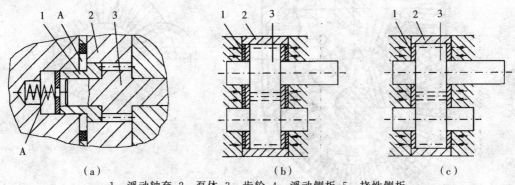

1—浮动轴套;2—泵体;3—齿轮;4—浮动侧板;5—挠性侧板

图 3-7 端面间隙补偿装置示意图

3.2.4 内啮合齿轮泵

内啮合齿轮泵有渐开线齿形和摆线齿形两种。两种泵的最大特点是比外啮合齿轮泵体积小,质量小,结构紧凑,噪声小。缺点是内齿轮加工困难。

1. 渐开线齿形内啮合齿轮泵

图 3-8(a)是渐开线齿形内啮合齿轮泵的原理图。这种泵的两个齿轮作同向转动。外齿轮为主动轮,内齿轮为从动轮,两齿轮偏心安装。未啮合的部分用月牙板隔开。当主动轮以图示方向转动时,左侧脱开啮合,容积增大,从 A 窗口吸油;右侧进入啮合,容积减小,从 B 窗口排油。渐开线内啮合齿轮泵结构上也有单泵和双联泵,工程应用也较多。

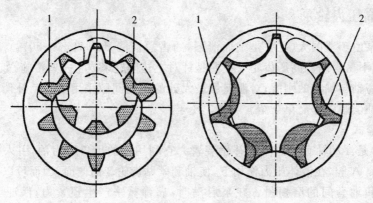

1—吸油腔;2—压油腔

图 3-8 内啮合齿轮泵的结构示意图

(a)渐开线齿形;(b)摆线齿形

2. 摆线齿形内啮合齿轮泵

图 3-8(b)所示为摆线式转子泵的原理图。转子泵主要工作部件由内转子(外齿轮)、外

转子(内齿轮)、壳体、泵盖、传动轴等组成。内转子比外转子少一个齿,两转子的回转中心有偏心距 e。内转子与主动轴相连,是主动轮,外转子为从动轮。

转子泵的工作腔是由内转子和外转子齿形轮廓面、壳体、盖组成。吸、排油窗口 A,B 左右对称分布。当转子按图示方向旋转时,每个工作腔由正上方转到正下方时,脱开啮合,容积增大,从 A 窗口吸油。从正下方转到正上方时,进入啮合,容积减小,从 B 窗口排油。周而复始地在左侧吸油口吸油,在右侧排油口排油。

3.2.5　齿轮泵的常见故障及排除方法

齿轮泵在使用中产生的故障较多,原因也很复杂,有时是几种因素联系在一起而产生故障,要逐个分析才能解决。现将齿轮泵的常见故障及排除方法列于表 3 - 1。

表 3 - 1　齿轮泵的常见故障及排除方法

故障现象	产生原因	排除方法
噪声大	①吸油管接头、泵体与盖板的结合面、堵头和密封圈等处密封不良,有空气被吸入 ②齿轮齿形精度太低 ③端面间隙过小 ④齿轮内孔与端面不垂直、盖板上两孔轴线不平行、泵体两端面不平行等 ⑤两盖板端面修磨后,两困油卸荷凹槽距离增大,产生困油现象 ⑥装配不良,如主动轴转一周有时轻时重现象 ⑦滚针轴承等零件损坏 ⑧泵轴与电机轴不同轴 ⑨出现空穴现象	①用涂脂法查出泄漏处,更换密封圈;用环氧树脂结剂涂敷堵头配合面再压进;用密封胶涂敷管接头并拧紧;修磨泵体与盖板结合面保证平面度不超过 0.005 mm ②配研(或更换)齿轮 ③配磨齿轮、泵体和盖板端面,保证端面间隙 ④拆检,修磨(或更换)有关零件 ⑤修整卸荷槽,保证两槽距离 ⑥拆检,装配调整 ⑦拆检,更换损坏件 ⑧调整联轴器,使同轴度小于 ⑨检查吸油管、油箱、过滤器、油位及油液粘度等,排除空穴现象
容积效率低、压力提不高	①端面间隙和径向间隙过大 ②各连接处泄漏 ③油液粘度太大或大小 ④溢流阀失灵 ⑤电机转速过低 ⑥出现空穴现象	①配磨齿轮、泵体和盖板端面,保证端面间隙;将泵体相对于两盖板向压油腔适当平移,保证吸油腔处径向间隙再紧固螺钉,试验后,重新钻、铰销孔,用圆锥销定位 ②紧固各连接处 ③测定油液粘度,按说明书要求选用油液 ④拆检,修理(或更换)溢流阀 ⑤检查转速,排除故障根源 ⑥检查吸油管、油箱、过滤器、油位及油液粘度等,排除空穴现象
堵头和密封圈有时被冲掉	①堵头将泄漏通道堵塞 ②密封圈与盖板孔配合过松 ③泵体装反 ④泄漏通道被堵塞	①将被冲出的堵头涂敷上环氧树脂粘接剂后,重新安装至工作位置 ②更换密封圈 ③纠正装配方向 ④清洗泄漏通道

3.3 叶片泵

叶片泵具有结构紧凑、流量均匀、噪声小、运转平稳等优点,因此广泛用于中、低压液压系统中。但它也存在着结构复杂、吸油能力差、对油液污染比较敏感等缺点。叶片泵有单作用式和双作用式两种。所谓单作用式是指叶片泵转子每转一圈完成一次吸油、压油;而双作用式则是转子每转一周叶片泵完成两次吸油、压油。通常,单作用式叶片泵为变量泵,双作用式为定量泵。

3.3.1 双作用叶片泵的工作原理

1.双作用叶片泵的工作原理

双作用叶片泵的工作原理及其结构见图3-9,它也是由转子、定子、叶片和配油盘等组成。但其转子和定子的中心是重合的,不存在偏心。定子内表面不是圆柱面而是一个特殊曲面,它是由两段长径为R、短径为r的同心圆弧和四段过渡曲线相交替连接而成。当转子按图示方向回转时,叶片在离心力和其底部液压力的作用下向外滑出与定子内表面接触。于是,在叶片、转子、定子和配油盘之间便构成若干个密封工作容腔。当一对相邻的叶片从小半径圆弧曲线经过渡曲线转到大半径圆弧曲线时,它们所构成的密封工作腔则由小变大形成部分真空。这时油液便从配油盘上对应这一过程的窗口进入,完成吸油过程。转子继续转动,在从大圆弧曲线转到小圆弧曲线的过

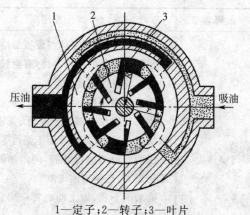

1—定子;2—转子;3—叶片

图3-9 双作用叶片泵的工作原理

程中,密封工作容腔逐渐减小,使油液通过对应这一过程的配油盘窗口挤出,完成排油过程。这种叶片泵每转一周,各密封工作容腔完成两次吸油和两次排油,故称之为双作用式叶片泵。由于该泵的两个吸油区和两个压油区为对称布置,作用于转子上的径向液压力互相平衡,因此,这种叶片泵又称为卸荷式叶片泵。

2.双作用叶片泵的结构特点

(1)转子一转,每个工作容腔吸、压油各两次,所以称为双作用叶片泵;

(2)泵的排量不可调,只能作为定量泵;

(3)两个吸、压油区径向对称分布,作用在转子上的液压力是径向平衡的;

(4)为了使叶片顶部与定子内表面紧密接触,在叶片底部通液压油,使叶片充分伸出,顶在定子内表面上;

(5)为了减小叶片在伸缩时叶片槽之间的摩擦力,将叶片相对于转动方向前倾安装,前倾角度约为13°。

3.3.2 YB1型叶片泵的结构

图3-10所示为YB1型叶片泵的结构。为了便于装配和使用,用两个长螺钉13将左配油

盘 1、右配油盘 5、定子 4、转子 12 和叶片 11 连成一个组件,保证左右配油盘的吸、压油窗口与定子内表面的过渡曲线相对应;长螺钉的头部插入后泵体 6 的定位孔内,保证吸、压油窗口与泵的吸、压油窗口相对应。转子通过内花键与由两个深沟球轴承 2 和 8 支撑的传动轴 3 连接。盖板 10 上的骨架式密封圈 9,可防止油液泄漏和空气进入泵内。右配油盘的右侧面与压油腔相通,在液压力作用下配油盘会紧贴定子端面,从而消除端面间隙。在泵起动时,右配油盘与前泵体 7 间的端面 O 形密封圈可提供初始预紧力,以保证配油盘与定子端面紧密贴合。

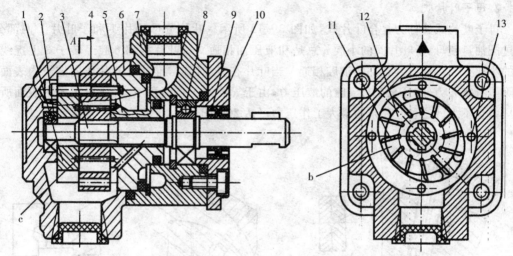

1—左配油盘;2,8—深沟球轴承;3—传动轴;4—定子;5—右配油盘;6—后泵体;
7—前泵体;9—密封圈;10—盖板;11—叶片;12—转子;13—长螺钉
图 3-10 YBl 型叶片泵的结构

YB1 型双作用叶片泵的结构特点如下:

1. 定子过渡曲线

如图 3-10 所示,定子内表面的曲线由四段圆弧和四段过渡曲线组成。理想的过渡曲线不仅应使叶片在槽中滑动时的径向速度和加速度变化均匀,而且应使叶片转到过渡曲线和圆弧交接点处的加速度突变不大,以减小冲击和噪声。目前双作用叶片泵一般都使用综合性能较好的等加速等减速曲线作为过渡曲线。

2. 叶片倾角 θ

叶片在工作过程中,受离心力和叶片根部压力油的作用,使叶片和定子紧密接触。叶片相对转子旋转方向向前倾斜一角度 θ,使叶片在槽中运动灵活,并减小摩擦,常取 $\theta=13°$。

3. 配油盘的三角槽

在配油盘的压油窗口靠叶片从封油区进入压油区的一边开有一个截面形状为三角形的三角槽,使两叶片之间的封闭油液在未进入压油区之前就通过该三角槽与压力油相通,以减小密封腔中油压突变和噪声。

3.3.3 高压叶片泵的结构

上述定量叶片泵的最大工作压力一般为 7 MPa。一般定量叶片泵的叶片根部都与压油区相通,叶片处于吸油时,叶片两端存在很大压力差,相应叶片顶部与定子内表面有很大的接触应力,从而导致强烈的摩擦磨损。为了提高叶片泵的工作压力,就必须解决叶片的卸荷问题。保证叶片实现卸荷的措施有多种,下面介绍高压叶片泵常用的两种叶片卸荷方式。

1. 双叶片式

如图 3-11 所示,在叶片槽内放置两个可以相对移动的叶片 1 和 2,其顶部都和定子内表面相接触,两叶片顶部倒角相对向内形成油室 a,并且通过两叶片间的小孔 b 与根部油室 c 相通,相应叶片根部液压油可通过小孔 b 到达顶部,从而降低了叶片与定子内表面的接触应力,减小了摩擦磨损。这种叶片泵的最大工作压力可提高到 17 MPa。

2. 母子叶片式

母子叶片式又称为复合叶片式,如图 3-12 所示。叶片分母叶片 1 和子叶片 2 两部分。通过配油盘使母、子叶片间的小腔 a 总是和液压油相通。母叶片根部 c 腔经转子 3 上虚线所示的小孔 b 始终和叶片顶部的油腔相通。当叶片在吸油区时,推动母叶片压向定子内表面的力除了有离心力外,还有来自 a 腔的液压力,由于 a 腔的工作面积不大,所以定子内表面所受的压力也不大。这种叶片泵的最大工作压力可达 20 MPa。

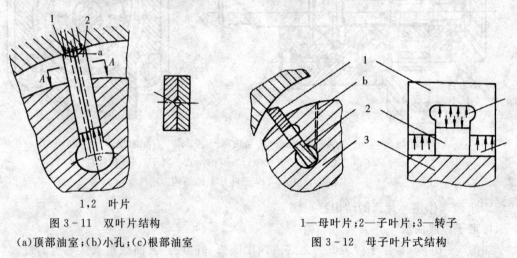

1,2 叶片	1—母叶片;2—子叶片;3—转子
图 3-11 双叶片结构	图 3-12 母子叶片式结构
(a)顶部油室;(b)小孔;(c)根部油室	

3.3.4 单作用叶片泵

1. 单作用叶片泵的工作原理

如图 3-13 所示,单作用叶片泵由转子 1、定子 2、叶片 3 和泵体、端盖及配油盘等组成。定于的内表面是一个圆柱表面(作为工作表面)。转子安装于定子中间,并使转子和定子的圆心存在一个偏心距 e,叶片装在转子上的槽内,且能够灵活滑动。当转子转动时,由于离心力作用(也有在叶片槽底部通进压力油或用弹簧推出的),叶片顶部紧贴在定于内表面滑动,这样在定子、转子、每两个相邻叶片和两侧配油盘之间就形成若干个变化的密封工作容腔。设转子按图示逆时针方向回转时,在图的右半部分叶片逐渐伸出,使这半部分叶片间的各密封工作容腔逐渐增大,造成部分真空,油箱中的油液在大气压力作用下由吸油口经配油盘的吸油窗口(图中右部月牙形虚线油口)进入这些密封工作容腔,这一过程就是吸油。在图的左半部,叶片逐渐被定子内表面压入槽内,这部分叶片间的各密封工作容腔逐渐缩小,腔内的油液则从压油窗口(图中左部配油盘上的月牙形油口)被挤出,这就是压油过程。在配油盘上两窗口之间有一段距离,称为封油区,将泵的吸油区和压油区隔开。这种泵的转子每转一周,泵的每个密封工作容腔完成吸油和压油各一次,所以叫做单作用式叶片泵。泵的吸油腔和压油腔各占一侧,故转子上必然作用有高压一侧和单方向作用力,使转子轴上承受不平衡力,因此,这种泵又称为非卸荷式叶片泵。

2. 单作用叶片泵的结构特点

改变偏心距大小即改变了排量。当偏心量为零时,密封容腔容积不会变化,就不具备液压泵的工作条件了;当转子转向不变时,改变定子与转子偏心距的方向也就改变了泵的吸、压油口。

3. 限压式变量叶片泵

变量泵是指排量可以调节的液压泵。这种调节可能是手动的,也可能是自动的。限压式变量叶片泵是一种利用负载变化自动实现流量调节的动力元件,在实际中得到广泛应用。

(1)限压式变量叶片泵的工作原理　如图 3－14 所示,转子中心固定,定子中心可左右移动。它在限压弹簧的作用下被推向右端,使定子和转子中心之间有一个偏心。当转子逆时针转动,上部为压油区,下部为吸油区。配油盘上吸、压油窗口关于泵的中心线对称,压力油的合力垂直向上,可以把定子压在滚针支承上。柱塞与泵的压油腔相通。设柱塞面积为 A_x,则作用在定子上的液压力为 pA_x。当泵的工作压力升高使

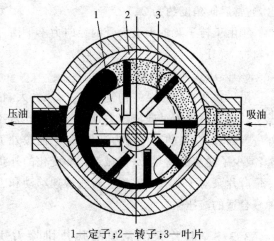

1—定子;2—转子;3—叶片

图 3－13　单作用叶片泵的工作原理

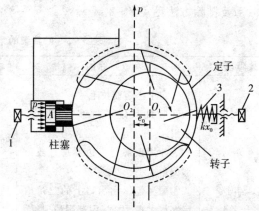

图 3－14　限压式变量叶片泵的工作原理

得 $pA_x >$ 弹簧力时,液压力克服弹簧力把定子向左推移,偏心距减小了,泵的输出流量也随之减小。当泵的工作压力升高使得 $pA_x >$ 弹簧力时,液压力克服弹簧力把定子向左推移,偏心距减小了,泵的输出流量也随之减小。压力越高,偏心距越小,泵输出的流量也越小;当压力增大到偏心距所产生的流量刚好能补偿泵的内部泄漏时,泵输出流量为零。这意味着不论外负载如何增加,泵的输出压力不会再增高。这也是"限压"的由来。由于反馈是借助于外部的反馈柱塞实现的,故称为外反馈。

(2)限压式变量叶片泵与双作用叶片泵的区别

①定子和转子偏心安置,泵的出口压力可改变偏心距,从而调节泵的输出流量(外反馈)。

②在限压式变量叶片泵中,压油腔一侧的叶片底部油槽和压油腔相通,吸油腔一侧的叶片底部油槽与吸油腔相通,这样,叶片的底部和顶部所受的液压力是平衡的,这就避免了双作用叶片泵在吸油区的定子内表面出现磨损严重的问题。

③为了减小叶片与定子间的磨损,叶片底部油槽采取在压油区通压力油,在吸油区与吸油腔相通的结构形式,因而,叶片的底部和顶部所受的压力是平衡的。这样,叶片仅靠旋转时所受的离心力作用向外运动顶在定子内表面上。根据力学分析,叶片后倾更有利于叶片向外伸

出,通常后倾角度约为 24°。

④由于转子及轴承上承受的径向力不平衡,所以该泵不宜用于高压场合,其额定压力一般不超过 7 MPa。

(3)限压式变量叶片泵的应用

限压式变量叶片泵结构复杂,轮廓尺寸大,相对运动的机件多,泄漏较大。同时,转子轴上承受较大的不平衡径向液压力,噪声较大,容积效率和机械效率都没有定量叶片泵高。而从另外一方面看,在泵的工作压力条件下,它能按外负载和压力的波动来自动调节流量,节省了能量,减少了油液的发热,对机械动作和变化的外负载具有一定的自适应调整性。同时,限压式变量叶片泵对于那些要实现空行程快速移动和工作行程慢速进给(慢速移动)的液压驱动是一种较合适的液压泵。

3.3.5 叶片泵的常见故障及排除方法

叶片泵在工作时,抗油液污染能力较差,叶片与转子槽配合精度也较高,因此故障较多,常见故障及排除方法见表 3-2。

表 3-2 叶片泵的常见故障及排除方法

故障现象	故障原因	排除方法
噪声大	①定子内表面拉毛 ②吸油区定子过渡表面轻度磨损 ③叶片顶部与侧边不垂直或顶部倒角太小 ④配油盘压油窗口上的三角槽堵塞或太短、太浅,引起困油现象 ⑤泵轴与电机轴不同轴 ⑥超过公称压力下工作 ⑦吸油口密封不严,有空气进入 ⑧出现空穴现象	①抛光定于内表面 ②将定子绕大半径翻面装入 ③修磨叶片顶部,保证其垂直度在 0.01 mm 以内;将叶片顶部倒角成 1×45°(或磨成圆弧形),以减小压应力的突变 ④清洗(或用整形锉修整)三角槽,以消除困油现象 ⑤调整联轴器,使同轴度小于 ⑥检查工作压力,调整溢流阀 ⑦用涂脂法检查,拆卸吸油管接头,清洗,涂密封胶装上拧紧 ⑧检查吸油管、油箱、过滤器、油位及油液粘度等,排除空穴现象
容积效率低、压力提不高	①个别叶片在转子槽内移动不灵活甚至卡住 ②叶片装反 ③定子内表面与叶片顶部接触不良 ④叶片与转子叶片槽配合间隙过大 ⑤配油盘端面磨损 ⑥油液粘度过大或过小 ⑦电机转速过低 ⑧吸油口密封不严,有空气进入 ⑨出现空穴现象	①检查配合间隙(一般为 0.01~0.02 mm),若配合间隙过小应单槽研配 ②纠正装配方向 ③修磨工作面(或更换叶片) ④根据转子叶片槽单配叶片,保证配合间隙 ⑤修磨配油盘端面(或更换配油盘) ⑥测定油液粘度,按说明书选用油液 ⑦检查转速,排除故障根源 ⑧用涂脂法检查,拆卸吸油管接头,清洗,涂密封胶装上拧紧 ⑨检查吸油管、油箱、过滤器、油位及油液粘度等,排除空穴现象

3.4　柱塞泵

柱塞泵是依靠柱塞在其缸体内往复运动时密封工作腔的容积变化来实现吸油和压油的。由于柱塞与缸体内孔均为圆柱表面,容易得到高精度的配合,所以这类泵的特点是泄漏小,容积效率高,能够在高压下工作。它常用于高压大流量和流量需要调节的液压系统,如工程机械、液压机、龙门刨床、拉床等液压系统。

柱塞泵按柱塞排列方式不同,可分为径向柱塞泵和轴向柱塞泵两大类。

3.4.1　径向柱塞泵

1. 径向柱塞泵的工作原理

径向柱塞泵的工作原理如图 3 - 15 所示,柱塞 1 径向排列装在缸体 2 中,缸体由原动机带动连同柱塞 1 一起旋转,所以缸体 2 一般称为转子,柱塞 1 在离心力(或在低压油)的作用下抵紧定子 4 的内壁,当转子按图示方向回转时,由于定子和转子之间有偏心距 e,柱塞绕经上半周时向外伸出,柱塞底部的容积逐渐增大,形成部分真空,因此便经过衬套 3(衬套 3 是压紧在转子内,并和转子一起回转)上的油孔从配油孔 5 和吸油口 b 吸油;当柱塞转到下半周时,定子内壁将柱塞向里推,柱塞底部的容积逐渐减小,向配油轴的压油口 c 压油,当转子回转一周时,每个柱塞底部的密封容积完成一次吸、压油,转子连续运转,即完成吸、压油工作。配油轴固定不动,油液从配油轴上半部的两个孔 a 流入,从下半部两个油孔 d 压出,为了进行配油,配油轴在和衬套 3 接触的一段加工出上下两个缺口,形成吸油口 b 和压油口 c,留下的部分形成封油区。封油区的宽度应能封住衬套上的吸压油孔,以防吸油口和压油口相连通,但尺寸也不能大得太多,以免产生困油现象。

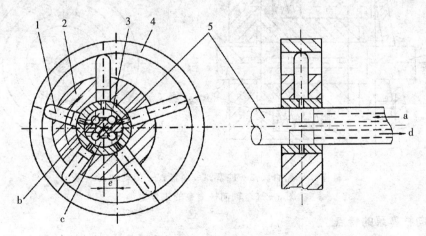

1—柱塞;2—缸体;3—衬套;4—定子;5—配油轴

图 3 - 15　径向柱塞泵的工作原理

径向柱塞泵径向尺寸大,自吸能力差,配油轴受径向不平衡液压力作用,易于磨损,因而限制了转速和工作压力的提高。径向柱塞泵的容积效率和机械效率都较高。

3.4.2 轴向柱塞泵

1. 轴向柱塞泵的工作原理

轴向柱塞泵是将多个柱塞配置在一个共同缸体的圆周上,并使柱塞中心线和缸体中心线平行的一种泵。轴向柱塞泵有直轴式(斜盘式)和斜轴式(摆缸式)两种形式。如图 3-16 所示为直轴式轴向柱塞泵的工作原理,这种泵主体由缸体 1、配油盘 2、柱塞 3 和斜盘 4 组成。柱塞沿圆周均匀分布在缸体内。斜盘轴线与缸体轴线倾斜一角度,柱塞靠机械装置或在低压油作用下压紧在斜盘上(图中为弹簧),配油盘 2 和斜盘 4 固定不转。当原动机通过传动轴使缸体转动时,由于斜盘的作用,迫使柱塞在缸体内作往复运动,通过配油盘的配油窗口进行吸油和压油。如图 3-16 中所示回转方向,当缸体转角在 $\pi \sim 2\pi$ 范围内,柱塞向外伸出,柱塞底部缸孔的密封工作容积增大,通过配油盘的吸油窗口吸油;在 $0 \sim \pi$ 范围内,柱塞被斜盘推入缸体,使缸孔容积减小,通过配油盘的压油窗口压油。缸体每转一周,每个柱塞各完成吸、压油一次,如改变斜盘倾角,就能改变柱塞行程的长度,即改变液压泵的排量。改变斜盘倾角方向,就能改变吸油和压油的方向,即成为双向变量泵。配油盘上吸油窗口和压油窗口之间的密封区宽度应稍大于柱塞缸体底部通油孔宽度。但不能相差太大,否则会发生困油现象。一般在两配油窗口的两端开有小三角槽,以减小冲击和噪声。斜轴式轴向柱塞泵的缸体轴线相对传动轴轴线成一倾角,传动轴端部用万向铰链、连杆与缸体中的每个柱塞相联结。当传动轴转动时,通过万向铰链、连杆使柱塞和缸体一起转动,并迫使柱塞在缸体中作往复运动,借助配油盘进行吸油和压油。这类泵的优点是变量范围大,泵的强度较高,但和上述直轴式相比,其结构较复杂,外形尺寸和重量均较大。

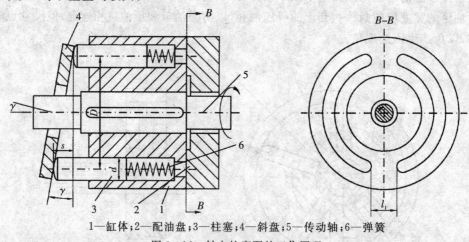

1—缸体;2—配油盘;3—柱塞;4—斜盘;5—传动轴;6—弹簧

图 3-16 轴向柱塞泵的工作原理

2. 轴向柱塞泵的特点

轴向柱塞泵结构紧凑、径向尺寸小,惯性小,容积效率高,目前最高压力可达 40.0 MPa,甚至更高,一般用于工程机械、压力机等高压系统中,但其轴向尺寸较大,轴向作用力也较大,结构比较复杂。

3. 轴向柱塞泵的结构特点

图 3-17 所示为斜盘式轴向柱塞泵的结构图,这种泵由主体部分和变量机构两部分组成。而主体部分由滑履 4、柱塞 5、缸体 6、配油盘 7 和缸体端面间隙补偿装置等组成,变量结构由

手轮、丝杆、活塞、轴销等组成。柱塞的球状头部装在滑履 4 内,以缸体作为支撑,定心弹簧通过钢球推压回程盘 3,回程盘和柱塞滑履一同转动。在排油过程中借助斜盘 2 推动柱塞作轴向运动;在吸油时依靠回程盘、钢球和弹簧组成的回程装置将滑履紧紧压在接触表面上滑动。在滑履与斜盘相接触的部分有一油室,它通过柱塞中间的小孔与缸体中的工作腔相连,压力油进入油室后在滑履与斜盘的接触面间形成了一层油膜,起着静压支承的作用,使滑履作用在斜盘上的力大大减小,因而磨损也减小。传动轴 8 通过左边的花键带动缸体 6 旋转,由于滑履 4 贴紧在斜盘表面上,柱塞在随缸体旋转的同时在缸体中作往复运动。缸体中柱塞底部的密封工作容积是通过配油盘 7 与泵的进出口相通的。随着传动轴的转动,液压泵就连续地吸油和压油。

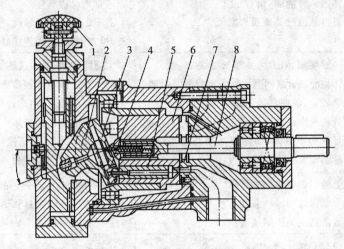

1—转动手轮;2—斜盘;3—回程盘;4—滑履;5—柱塞;6—缸体;7—配油盘;8—传动轴

图 3-17　斜盘式轴向柱塞泵结构

这种泵有以下特点:

(1)自动补偿装置。缸体柱塞孔的底部有一轴向孔,这个孔使得缸体具有压紧配油盘端面的作用力,除了弹簧张力外,还有该孔底面积上的液压力一同使缸体和配油盘保持良好的接触,使密封更为可靠,同时当缸体和配油盘配合面磨损后可以得到自动补偿,于是提高了泵的容积效率。

(2)滑履结构。斜盘式轴向柱塞泵中,一般柱塞头部装有滑履,二者之间为球头接触,而滑履与斜倾盘之间又以平面接触,改善了柱塞的工作受力情况,并由缸孔中的压力油经柱塞和滑履中间小孔,润滑各相对运动表面,大大降低相对运动零件的磨损,有利于高压下的工作。

(3)变量机构。在变量轴向柱塞泵中均设有专门的变量机构,用来改变倾斜盘倾角的大小,以调节泵的排量。变量方式有手动式、伺服式、压力补偿式等多种。图 3-17 所示的轴向柱塞泵采用手动变量机构,变量时,可转动手轮 1 来实现。轴向柱塞泵的优点是结构紧凑、径向尺寸小、惯性小、容积效率高,目前最高压力可达 40.0 MPa 甚至更高。多用于工程机械、压力机等高压系统中,但其轴向尺寸较大,轴向作用力也较大,结构比较复杂。

3.4.3　柱塞泵的常见故障及排除方法

柱塞泵在使用中,产生的故障较多,原因也很复杂,有时是几种因素联系在一起而产生故障,要逐个分析才能解决。现仅就轴向柱塞泵的常见故障及排除方法列于表 3 3。

表 3-3 柱塞泵的常见故障及排除方法

故障现象	故障原因	排除方法
流量不足	①吸油管及植油器堵塞或阻力过大 ②油箱油面过低 ③柱塞与缸孔或配油盘与缸体间磨损 ④校塞回程不够或不能回程 ⑤变量机构不灵,达不到工作要求 ⑥泵体内未充满油,留有空气 ⑦油温过低或过高或吸入空气	①清除污物,排除堵塞 ②加油至规定高度 ③更换柱塞,修磨配油盘与缸体的接触面 ④检查中心弹簧,加以更换 ⑤检查变量机构,看变量活塞及斜盘是否灵活,并纠正其泵内空气 ⑥排出泵内气体 ⑦根据温升实际情况,选用适合粘度的油液,检查密封,紧固连接处
压力不足或压力脉动较大	①吸油管堵塞、阻力大或漏气 ②缸体与配油盘之间磨损失去密封泄漏增加 ③油温较高、油液粘度下降泄漏增加 ④变量机构倾斜太小,流量过小内泄相对增加 ⑤变量机构不协调(如伺服活塞与变量活塞失调使脉动增大)	①清除污油、紧固进油管段的连接螺钉 ②修磨缸体与配油盘接触面 ③控制油温,选用适合粘度的油液 ④加大变量机构的倾角 ⑤若偶而脉动,可更换新油;经常脉动,可能是配合件研伤或别劲,应拆下研修
漏油严重	①泵上的回油管路漏损严重 ②结合面漏油和轴端漏油 ③度量活塞或伺服活塞磨损	①检查泵的主要零件是否损坏或严重磨损 ②检查结合面密封和轴端密封,修复更换 ③严重时更换
噪声较大	①泵内有空气 ②吸油管或滤油堵塞 ③油液不干净或粘度大 ④泵与原动机安装不同心,使泵增加了径向载荷 ⑤油箱油面过低、吸入泡沫或吸油阻力过大,吸力不足 ⑥管路振动	①排除空气,捡查可能进入空气的部位 ②清洗除掉污物 ③油样检查,更换新油,或选用适合粘度的油液 ④重新调整,同轴度应在允许范围内 ⑤加油至规定高度,或增加管径、减少弯头减少吸油阻力 ⑥采取隔离或减振措施
泵发热	①内部漏损较高 ②有关相对运动的配合接触面有磨损。例如缸体与配油盘,滑靴与斜盘	①检查和研修有关密封配合面 ②修整或更换磨损件,如配油盘、滑靴等
变量机构失灵	①在控制油道上,可能出现堵塞 ②斜盘(变量头)与变量活塞磨损 ③伺服活塞、变量活塞、拉杆(导杆)卡死 ④个别油道(孔)堵塞	①净化油,必要时冲洗控制油道 ②刮修配研两者的圆弧配合面 ③机械卡死时.用研磨方法使各运动件灵活;油脏时更换纯净油液 ④疏通油道
泵不转动	①柱塞与缸体卡死(油脏或油温变化大) ②柱塞球头折断(因柱塞卡死或有负载起动) ③滑靴脱落(柱塞卡死或有负载起动引起)	①更换新油,控制油温 ②更换柱塞 ③更换修复

40

3.5　液压泵的选用

　　液压泵是液压系统提供一定流量和压力的油液动力元件,它是每个液压系统不可缺少的核心元件,合理的选择液压泵对于降低液压系统的能耗、提高系统的效率、降低噪声、改善工作性能和保证系统的可靠工作都十分重要。

　　选择液压泵的原则是:根据主机工况、功率大小和系统对工作性能的要求,首先确定液压泵的类型,然后按系统所要求的压力、流量大小确定其规格型号。一般而言,由于各类液压泵各自突出的特点,其结构、功用和动转方式各不相同,因此应根据不同的使用场合选择合适的液压泵。一般在机床液压系统中,往往选用双作用叶片泵和限压式变量叶片泵;而在筑路机械、港口机械以及小型工程机械中往往选择抗污染能力较强的齿轮泵;在负载大、功率大的场合往往选择柱塞泵。表 3-4 为常用液压泵的性能对比,可以根据实际情况进行针对性的选择。

表 3-4　液压系统中常用液压泵的性能比较

性能＼类型	齿轮泵	双作用叶片泵	限压式变量叶片泵	径向柱塞泵	轴向柱塞泵
工作压力/MPa	<20	6.3~21	7	20~35	10~20
转速 r/min	300~7000	500~4000	500~2000	700~1800	600~6000
容积效率	0.7~0.95	0.8~0.95	0.8~0.9	0.85~0.95	0.9~0.98
总效率	0.6~0.85	0.75~0.85	0.7~0.85	0.55~0.92	0.85~0.95
流量泳动性	大	小	中	中	中
自吸特性	好	较差	较差	差	较差
对油的污染敏感性	不敏感	较敏感	较敏感	很敏感	很敏感
噪声	大	小	较大	大	大
寿命	较短	较长	较短	长	长
单位功率价格	低	中	较高	高	高

3.6　液压马达

　　液压马达(简称马达)是将液压能转换为机械能的能量转换装置,以旋转运动向外输出机械能,得到输出轴上的转矩和转速。液压马达是把液体的压力能转换为机械能的装置。

3.6.1　液压马达的类型和图形符号

1.液压马达的类型

　　液压马达按其结构类型来分可以分为齿轮式、叶片式、柱塞式和其它型式。在工程应用中,根据液压马达的输出功用将其分为高速液压马达和低速大扭矩液归两大类。通常,将额定转速高丁 500 r/min 的液压马达称为高速马达;而将额定转速低丁 500 r/min 的称为低速马达。

2. 齿轮液压马达

外啮合齿轮液压马达的工作原理如图 3-18 所示。油液注入进油口,充满行腔,对于两个齿轮分别产生作用力,对于 1 齿来讲,3 齿处于行腔之内,其中 1 齿半齿受力,方向顺时针,2 齿全齿双向受力,合力平衡,3 齿全齿受力,方向逆时针,由此得知,1 齿轮合力逆时针;2 号齿轮受力分析,2 齿处于行腔之内,2 齿合力半齿受力,方向逆时针,3 齿全齿受力,方向顺时针,由此得知,2 齿轮合力顺时针。在这两个力的作用下,齿轮便

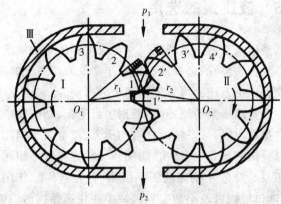

图 3-18 外啮合齿轮液压马达的工作原理

产生了一定的转矩,随着齿轮的旋转,油液被带入低压腔并排出。其中齿轮液压马达的排量公式与齿轮泵相同。

对于齿轮马达,在结构上为了适应正反转的要求,其进出油口的大小相等,且保持对称,具有单独的外泄油口可将轴承部分的泄漏油引出壳体外;为了减少起动时产生的摩擦力矩,通常情况下,齿轮马达采用滚动轴承;为了减小转矩脉动变化,齿轮液压马达的齿数比泵的齿数要多。

由于齿轮液压马达密封性差、容积效率较低、输入压力不能过高、不能产生较大转矩,而且瞬间转速和转矩随着啮合点的位置变化而变化,因此,齿轮液压马达金适用高速小转矩场合。一般用于工程机械、农业机械以及转矩均匀性要求不高的机械设备上。

3. 叶片马达

常用的叶片液压马达为双作用式,现以双作用式来说明其工作原理,如图 3-19 所示。当高压油 p 从进油口进入工作区域的叶片 1 和 3 之间时,其中叶片 2 两侧均受液压油 p 的作用但不产生转矩,而叶片 1 和 3 仅一侧受高压油的作用,另一侧受低压油的作用。由于叶片 2 的伸出面积大于叶片 1 的伸出面积,所以使转子产生顺时针方向转动的转矩。同理,叶片 5 和 7 之间也产生顺时针方向的转矩。由图 3-18 可以看出,当改变进油方向时,即高压油 p 进入叶片 3 和 5 之间和叶片 7 和 1 之间时,叶片带动转子沿逆时针方向转动。

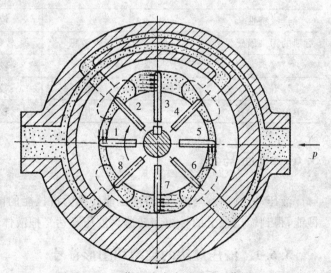

图 3-19 双作用叶片液压马达工作原理

叶片液压马达具有体积小、转动惯量小、反应灵敏、能适应高频率换向的等优点,但泄露较大,低速时运行不稳定。它适用于转矩小,转速高,机械性能要求不严格的场合。

4. 径向柱塞式液压马达

图 3-20 所示为径向柱塞式液压马达工作原理图。

当压力油经固定的配油轴 4 的窗口进入缸体 3 内柱塞 1 的底部时,柱塞向外伸出,紧紧顶住定子 2 的内壁,由于定子与缸体存在一偏心距 e。在柱塞与定子接触处,定子对柱塞的反作用力可分解为和两个分力。当作用在柱塞底部的油液压力为 F,柱塞直径为 d,力和柱塞之间的夹角为时,对缸体产生一转矩,使缸体旋转。缸体再通过端面连接的传动轴向外输出转矩和转速。

上面分析的是一个柱塞产生转矩的情况,由于在压油区作用有好几个柱塞,在这些柱塞上所产生的转矩都使缸体旋转,并输出转矩。径向柱塞液压马达多用于低速大转矩的情况下。

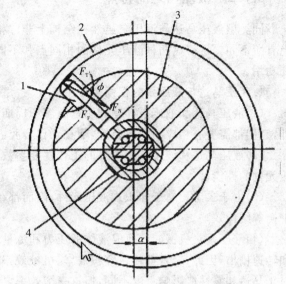

1—柱塞;2—马达;3—缸体;4—配油轴
图 3-20　径向柱塞马达工作原理

5. 轴向柱塞马达

轴向柱塞马达的结构形式基本上与轴向柱塞泵一样,故其种类与轴向柱塞泵相同,也分为直轴式轴向柱塞马达和斜轴式轴向柱塞马达两类。轴向柱塞马达的工作原理如图 3-21 所示。

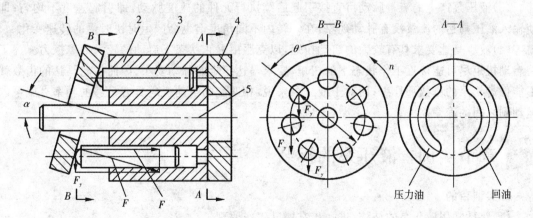

1—斜盘;2—缸体;3—柱塞;4—配油盘;5—轴
图 3-21　轴向柱塞马达工作原理

工作时,压力油经配油盘进入柱塞底部,柱塞受压力油作用外伸,并紧压在斜盘上,这时在斜盘上产生一反作用力 F,F 可分解成轴向分力 F_x 和径向分力 F_y,轴向分力 F_x 与作用在柱塞上的液压力相平衡,而径向分力 F_y 使转子产生转矩,使缸体旋转,从而带动液压马达的传动轴转动。

3.6.2　液压马达的特点

同类型液压马达与液压泵虽然在结构上非常相似,但由于作用过程相反,而导致某些结构上有所不同。了解这两种液压元件的相同点和不同点,有助于学习和掌握它的基本工作原理和功用。

1. 液压马达与液压泵的相同点

(1)液压马达和液压泵都是利用密封容积周期性变化来进行工作的,除去齿轮马达和泵以外,它们都需要有相应的配流装置,须在工作容腔内部将高、低压油液分隔开。

(2)液压马达和液压泵最重要的工作性能参数都是排量,排量的大小直接反映了这两种液压元件的性能。

(3)由于二者均属于容积式液压元件,因而都存在困油、泄漏、输出脉动以及工作径向力不平衡等结构缺陷。

(4)液压泵将机械能转换成液体的压力和流量输出,液压马达将液体的压力能转换为扭矩和转速输出,因此,二者都存在容积效率、机械效率和总效率问题。虽然容积效率和机械效率对于马达和泵性能影响程度不同,但这三个效率之间的关系和计算方法基本相同。

2. 液压马达和液压泵的不同点

(1)液压马达靠输入压力油来启动工作,输入参数是油液的压力和流量,输出参数则是转矩和转速;液压泵由电动机带动工作,输入参数是电动机的转矩和转速,而输出参数则是油液的压力和流量。

(2)液压马达没有自吸性要求,因有正反转要求,液压马达的配流机构要求对称,进出口大小一致;液压泵必须具有相应的自吸能力,工作时一般都是单向旋转,因此,配流机构及工艺卸荷槽等为不对称设置,而且通常进油口应大于出油口。

(3)液压泵产生的流量脉动可直接引起后续执行元件的速度脉动,即引起速度不均匀;即使输入液压马达的流量没有脉动现象,在一转内不同角度上也会产生时快时慢的转速变化。

(4)液压马达要求具有较大的启动扭矩,以克服由静止状态下启动的较大静摩擦力。为了使启动扭矩尽可能接近工作状态下的扭矩,要求马达扭矩的脉动要小,因而齿轮马达的齿数就不能像齿轮泵的齿数那样少;而对于液压泵来说,相匹配的电动机应具有足够的功率克服泵内运动副之间的静摩擦力。

 章节实训　液压泵的拆装

1. 实训目的

(1)熟悉常用液压泵的结构,进一步掌握其工作原理。

(2)学会使用各种工具正确拆装常用液压泵,培养实际动手能力。

(3)初步掌握液压泵的安装技术要求和使用条件。

(4)在拆装的同时,分析和了解常用液压泵易出现的故障及其排除方法。

2. 实训器材

(1)实物:液压泵的种类、型号甚多,建议结合本章内容,选取 CB-B 型齿轮泵和中高压齿轮泵、YB1 型双作用叶片泵和斜盘式轴向柱塞泵。

（2）工具：内六角扳手 1 套、耐油橡胶板 1 块、油盆 1 个及钳工常用工具 1 套。

（3）实训内容与注意事项

①CB－B 型齿轮泵

1）拆卸顺序

拆掉前泵盖上的螺钉和定位销，使泵体与后泵盖和前泵盖分离。拆下主动轴及主动齿轮、从动轴及从动齿轮等。在拆卸过程中，注意观察主要零件结构和相互配合关系，分析工作原理。

2）主要零件的结构及作用

观察泵体两端面上的泄油槽的形状和位置，并分析其作用。观察前、后泵盖上的两个矩形卸荷槽的形状和位置，并分析其作用。观察进、出油口的位置和尺寸。

3）装配要领

装配前清洗各零件，将轴与泵盖之间、齿轮与泵体之间的配合表面涂上润滑液，然后按拆卸时的反向顺序装配。

4）拆卸思考题

了解铭牌上主要参数的含义。

熟悉各主要零件的名称和作用。

找出密封工作腔，并分析吸油和压油过程。

分析为什么缩小压油口可减少齿轮泵的径向不平衡力。

齿轮泵进、出油口孔径为何不等？若进、出油口反接会发生什么变化？

观察泵的安装定位方式及泵与原动机的连接形式。

②YBl 型双作用叶片泵

1）拆卸顺序

拧下端盖上的螺钉，取下端盖。卸下前泵体。卸下左、右配油盘、定子和转子、叶片和传动轴，使它们与后泵体脱离。在拆卸过程中注意：由于左右配油盘、定子成一体的，不能分离的部分不要强拆。

2）主要零件的结构及作用

观察定子内表面的四段圆弧和四段过渡曲线的组成情况。

观察转子叶片上叶片槽的倾斜角度和倾斜方向。

观察配油盘的结构。

观察吸油口、压油 E_1、三角槽、环形槽及槽底孔，并分析其作用。

观察泵中所用密封圈的位置和形式。

3）装配要领

装配前清洗各部件，按拆卸时的反向顺序装配。

4）拆装思考题

了解铭牌上标出的主要参数，熟悉外部结构，找出进、出油 E_1。

熟悉主要组成零件的名称及作用。

找出密封工作腔和吸油区、压油区，分析吸油和压油过程。

泵工作时叶片一端靠什么力量始终顶住定子内圆表面而不产生脱空现象？

观察泵的安装方式及泵与原动机的连接方式。

③斜盘式轴向柱塞泵

1)拆卸顺序

拆掉前泵体上的螺钉、销子,分离前泵体与中间泵体;再拆掉变量机构上的螺钉,分离中间泵体与变量机构。这样将泵分为前泵体、中间泵体和变量机构三部分。

拆卸前泵体部分:拆下端盖,再拆下传动轴、前轴承及轴套等。

拆卸中间泵体部分:拆下回程盘及其上的个柱塞,取出弹簧、钢珠、内套以及外套等,卸下缸体、配油盘。

拆卸变量机构部分:拆下斜盘,拆掉手轮上的销子,拆掉手轮。拆掉两端的螺钉,卸掉端盖,取出丝杆、变量活塞等。

在拆卸过程中,注意旋转手轮时斜盘倾角的变化。

2)主要零件的结构及作用

观察柱塞球形头部与滑履之间的连接形式以及滑履与柱塞之间的相互滑动情况。

观察滑履上的小孔。观察配油盘的结构,找出吸油口、压油口,分析外圈的环形卸压槽、两个通孔和四个盲孔的作用。

观察泵的密封及连接、安装形式。

3)装配要领

装配前清洗各零件,按拆卸时的反向顺序装配各零件。

4)拆卸思考题

熟悉各主要零件的名称。

观察分析柱塞头部滑履结构及中心小孔的作用。

分析弹簧的两个作用。

找出密封工作腔的位置,分析其吸、压油的工作原理。

分析柱塞泵缸体端面的轴向间隙如何自动补偿。

分析变量机构的工作原理和使用方法。

分析大轴承的作用。

④其它液压泵

有条件也可对其它液压泵进行拆装。如高压齿轮泵、内啮合齿轮泵、限压式变量叶片泵、径向柱塞泵等,观察其结构,掌握其吸、压油的工作原理。

 习题 3

3-1 液压泵完成吸油和压油必须具备什么条件?

3-2 液压泵的排量、流量各取决于哪些参数?流量的理论值和实际值有什么区别?

3-3 分析叶片泵的工作原理。双作用叶片泵和单作用叶片泵各有什么优缺点?

3-4 为什么轴向柱塞泵适用于高压?

3-5 在各类液压泵中,哪些能实现单向变量或双向变量?画出定量泵和变量泵的图形符号。

第 4 章 液压缸

液压缸既是液压传动系统中常用的执行元件,也是一种实现能量转换的元件,它可以将油液的压力能转换为机械能,从而实现执行机构的往复直线运动或摆动,输出力或扭矩。通过本章的学习,要求掌握液压缸的类型、工作原理、特点及其速度、推力的推导和计算。

通过本章学习,要求掌握:

1. 单杆活塞式液压缸的工作原理及其速度、推力的推导和计算。
2. 双杆活塞式液压缸的工作原理及其速度、推力的推导和计算。
3. 柱塞式液压缸的工作原理及其速度、推力的推导和计算。
4. 液压缸的常见故障及其排除方法。

本章难点:

1. 差动液压缸的工作原理及其计算。
2. 液压缸的常见故障及其排除方法。

4.1 液压缸的类型及特点

液压缸有多种类型,按其结构形式可分为活塞式、柱塞式和组合式三大类;按作用方式又可分为单作用式和双作用式两种。由于液压缸结构简单、工作可靠,除可单独使用外,还可以通过多缸组合或与杠杆、连杆、齿轮齿条、棘轮棘爪等机构组合起来完成某种特殊功能,因此液压缸的应用十分广泛。

4.1.1 活塞式液压缸

活塞式液压缸通常有双杆式和单杆式两种结构形式;按安装方式不同可分为缸筒固定式和活塞杆固定式两种。

1. 双杆活塞式液压缸

图 4-1 所示为双杆活塞式液压缸的工作原理,活塞两侧都有活塞杆伸出。图 4-1(a)所示为缸筒固定式,它的进、出油口布置在缸筒两侧,活塞通过活塞杆带动工作台移动。这种安装方式的特点是,当活塞的有效行程为 l 时,整个工作台的运动范围为 $3l$,所以机床占地面积较大,一般适用于小型机床。图 4-1(b)所示为活塞杆固定式,其缸体与工作台相连,活塞杆通过支架固定在床身上,动力由缸体传出,其进、出油口可以设置在固定的空心活塞杆的两端,使油液从活塞杆中进出,也可设置在缸体的两端,但必须使用柔性连接。这种安装方式的特点是,工作台的运动范围为 $2l$,即只等于液压缸有效行程的 2 倍,因此其占地面积小,适用于大型机床及工作台行程要求较长的场合。

当两活塞杆直径相同时,液压缸两腔活塞的有效面积也相等,若供油压力和流量不变时,液压缸在两个方向上的运动速度和推力都相等,若活塞的直径为 D,活塞杆的直径为 d,活塞的有效面积为 A,液压缸进、出油腔的压力为 p_1 和 p_2,输入流量为 q 时,其推力 F 和速度 v 分

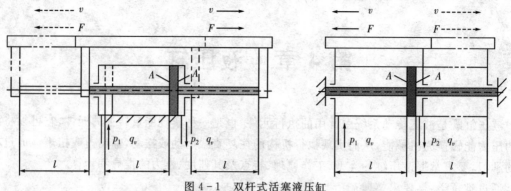

图 4-1　双杆式活塞液压缸

(a)缸体固定式；(b)活塞杆固定式

别为

$$F=A(P_1-P_2)=\frac{\pi(D^2-d^2)(p_1-p_2)}{4} \tag{4-1}$$

$$v=\frac{q}{A}=\frac{4q}{\pi(D^2-d^2)} \tag{4-2}$$

2.单杆活塞式液压缸

图 4-2 所示为单杆活塞式液压缸的工作原理。单杆活塞式液压缸也有缸体固定式和活塞杆固定式两种,它们的工作台移动范围都是活塞有效行程的 2 倍。

单杆活塞式液压缸的活塞两端有效面积不等,如果液压油的压力和流量不变,则推力与进油腔的有效面积成正比,速度与进油腔的有效面积成反比。

如图 4-2(a)所示,当无杆腔进油时,若输入流量为 q,液压缸进出油口的压力分别为 p_1 和 p_2,则液压缸产生的推力 F_1 和速度 v_1,为

$$F_1=A_1P_1-A_2P_2=\frac{\pi[D^2(p_1-p_2)+d^2p_2]}{4} \tag{4-3}$$

$$v_1=\frac{q}{A_1}=\frac{4q}{\pi D^2} \tag{4-4}$$

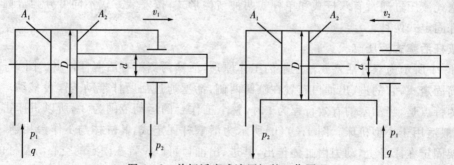

图 4-2　单杆活塞式液压缸的工作原理

(a)油液从无杆腔输入；(b)油液从有杆腔输入

如图 4-2(b)所示,当油液从有杆腔输入时,液压缸产生的推力 F_2 和速度 v_2 为

$$F_2=A_2P_1-A_1P_2=\frac{\pi[D^2(p_1-p_2)-d^2p_2]}{4} \tag{4-5}$$

$$v_2 = \frac{q}{A_2} = \frac{4q}{\pi(D^2 - d^2)} \tag{4-6}$$

由于 $A_1 > A_2$，所以 $F_1 > F_2$，$v_1 < v_2$，即无杆腔进油工作时，推力大而速度低；有杆腔进油工作时，推力小而速度高。因此，单杆活塞式液压缸常用于一个方向有较大负载但运行速度较低，另一个方向为空载快速退回运动的设备。如各种金属切削机床、压力机、起重机等的液压系统经常使用单杆活塞式液压缸。

液压缸往复运动的速度 v_2 和 v_1 之比，称为速度比 K，即

$$K = \frac{v_2}{v_1} = \frac{D^2}{D^2 - d^2} \tag{4-7}$$

可见，活塞杆直径越小，速度比就越接近于 1，液压缸在两个方向上运动速度的差值越小。在已知 D 和 K 的情况下，可较方便地确定 d。

单杆活塞式液压缸差动连接时，如图 4-3 所示。当液压缸左右两腔同时通入液压油时，由于无杆腔的有效作用面积大于有杆腔的有效作用面积，使得活塞向右的作用力大于向左的作用力，因此，活塞向右运动，活塞杆向外伸出；同时，又将有杆腔的油液挤出，使其流进无杆腔，从而加快了活塞杆的伸出速度。差动连接时液压缸的推力 F_3 和运动速度 v_3 为

$$F_3 = p_1(A_1 - A_2) = \frac{P_1 \pi d^2}{4} \tag{4-8}$$

$$v_3 = \frac{q_1}{A_1} = \frac{4q}{\pi d^2} \tag{4-9}$$

由式(4-8)、式(4-9)可知，液压缸差动连接时的推力比非差动连接时的小，但速度比非差动连接时大，实际生产中经常利用这一点在不加大油液流量的情况下得到比较快的运动速度。

单杆活塞式液压缸常用于实现"快进—工进—快退"工作循环的机械设备中，"快进"由差动连接方式完成，"工进"由无杆腔进油方式完成，而"快退"则由有杆腔进油方式完成。当要求"快进"和"快退"的速度相等时，可得

$$D = \sqrt{2}\,d \tag{4-10}$$

活塞式液压缸的应用非常广泛，但在对加工精度要求很高时，尤其是当行程较长时加工难度较大，制造成本较高。

4.1.2　柱塞式液压缸

柱塞缸是一种单作用液压缸，在液压力的作用下只能实现单方向的运动，它的回程需要借助其它外力来实现。柱塞式液压缸由缸筒、柱塞、密封圈和端盖等零部件组成。它是一种单作用式液压缸，其工作原理如图 4-4(a)所示。柱塞与工作部件相连接，缸筒固定在机体上。当液压油进入缸筒时，油液推动柱塞带动运动部件移动，但反向退回时必须靠其它外力或自重来驱动。为了实现双向运动，柱塞缸常成对使用，如图 4-4(b)所示。

若柱塞的直径为 d，输入油液的流量为 q，压力为 p 时，则柱塞上产生的推力 F 和速度 v 为

$$F = AP = \frac{p\pi d^2}{4} \tag{4-11}$$

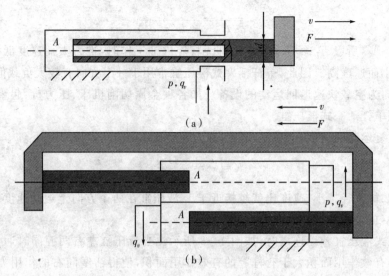

图 4-3 柱塞式液压缸结构图

$$v = \frac{q}{A} = \frac{4q}{\pi d^2} \qquad\qquad (4-12)$$

为了保证柱塞缸有足够的推力和稳定性,柱塞一般都比较粗,重量比较大,所以水平安装时易产生单边磨损,故柱塞缸宜于垂直安装。为了减轻柱塞的重量,有时制成空心柱塞。

柱塞式液压缸结构简单,制造方便。由于柱塞和缸筒内壁不接触,因此缸筒内壁不需要精加工,故工艺性较好,成本低,特别适合于工作行程较长的场合。

4.1.3 组合式液压缸

1. 增压液压缸

增压液压缸又称增压器。图 4-4 所示是一种由活塞缸和柱塞缸组成的增压缸,它利用活塞和柱塞有效面积的不同使液压系统中的局部区域获得高压。它有单作用和双作用两种型式,单作用增压缸的工作原理如图 4-4(a)所示。

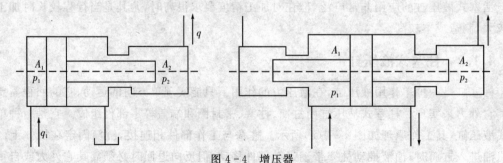

图 4-4 增压器
(a)单作用式;(b)双作用式

单作用增压缸在柱塞运动到终点时,不能再输出高压液体,需要将活塞退回到左端位置,再向右时才又输出高压液体,为了克服这一缺点,可采用双作用增压缸,如图 4-6(b)所示,由两个高压端连续向系统供油。

2. 伸缩缸

伸缩缸又称多级缸,它一般由两个或多个活塞缸套装而成,前一级活塞缸的活塞杆内孔是后一级活塞缸的缸筒,伸出时可获得很长的工作行程,缩回时可保持很小的结构尺寸,伸缩缸被广泛用于起重运输车辆上。

伸缩缸可以分为如图 4-5(a)所示的单作用式,以及如图 4-5(b)所示的双作用式,前者靠外力回程,后者靠液压回程。

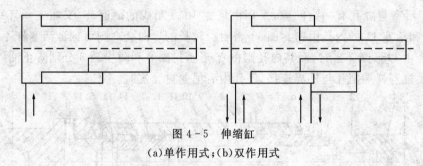

图 4-5　伸缩缸
(a)单作用式;(b)双作用式

伸缩缸的外伸动作是逐级进行的。首先是最大直径的缸筒以最低的油液压力开始外伸,当到达行程终点后,稍小直径的缸筒开始外伸,直径最小的末级最后伸出。随着工作级数变大,外伸缸筒直径越来越小,工作油液压力随之升高,工作速度变快。

3. 齿轮齿条缸

齿轮齿条活塞缸又称无杆式液压缸,它由带有齿条杆的双活塞缸和齿轮齿条机构所组成,如图 4-6 所示。活塞的往复移动经齿轮齿条机构转换成齿轮轴的周期性往复转动。用于实现工作部件的往复摆动或间歇进给运动。它多用于自动生产线、组合机床等的转位或分度机构中。

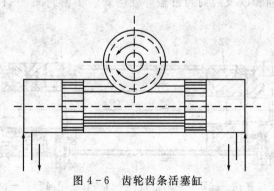

图 4-6　齿轮齿条活塞缸

4.2　液压缸的结构

液压缸由后端盖、缸筒、活塞、活塞杆、前端盖等部分组成。为防止油由高压腔向低压腔泄漏,在缸筒与端盖、活塞与活塞杆、活塞与缸筒、活塞杆设置有密封装置,在前端盖外侧还装有防尘装置;为防止活塞快速移动时撞端部还设置有缓冲装置;有时还需设置排气装置。

4.2.1 双作用单杆活塞式液压缸

图 4-7 所示为一个较常用的双作用单活塞杆液压缸。它是由缸底 20、缸筒 10、缸盖兼导向套 9、活塞 11 和活塞杆 18 组成。缸筒一端与缸底焊接,另一端缸盖(导向套)与缸筒用卡键 6、套 5 和弹簧挡圈 4 固定,以便拆装检修,两端设有油口 A 和 B。活塞 11 与活塞杆 18 利用卡键 15、卡键帽 16 和弹簧挡圈 17 连在一起。活塞与缸孔的密封采用的是一对 Y 形聚氨酯密封圈 12,由于活塞与缸孔有一定间隙,采用由尼龙 1010 制成的耐磨环(又叫支承环)13 定心导向。杆 18 和活塞 11 的内孔由密封圈 14 密封。较长的导向套 9 则可保证活塞杆不偏离中心,导向套外径由 O 形圈 7 密封,而其内孔则由 Y 形密封圈 8 和防尘圈 3 分别防止油外漏和灰尘带入缸内。缸与杆端销孔与外界连接,销孔内有尼龙衬套抗磨。

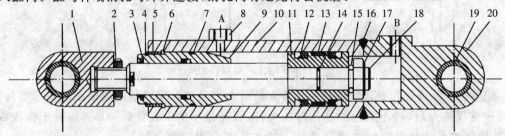

1—耳环;2—螺母;3—防尘圈;4,17—弹簧挡圈;5—套;6,15—卡键;7,14—O 形密封圈;8,12—Y 形密封圈;9—缸盖兼导向套;10—缸筒;11—活塞;13—耐磨环;16—卡键帽;18—活塞杆;19—衬套;20—缸底

图 4-7 双作用单活塞杆液压缸

图 4-8 所示为单杆活塞缸的典型结构。当压力油从 a 孔或 b 孔进入缸筒 3 时,可使活塞实现往复运动,并利用设在缸两端的缓冲及排气装置,减少冲击和振动。为了防止泄漏,在缸筒与活塞、活塞杆与导向套以及缸筒与缸盖等处均安装了密封圈,并利用拉杆将缸筒、缸盖等连接在一起。

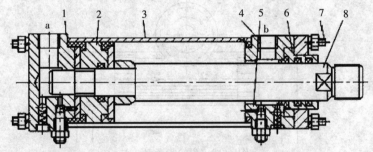

1—前缸盖;2—活塞;3—缸筒;4—后缸盖;5—缸头;6—导向套;7—拉杆;8—活塞杆

图 4-8 单杆活塞缸的典型结构

4.2.2 液压缸的组成

液压缸的结构基本上可以分为:缸筒和缸盖、活塞和活塞杆、密封装置、缓冲装置和排气装置五个部分。

1. 缸筒和缸盖

缸筒是液压缸的主体,它与端盖、活塞等零件构成密闭的容腔,承受油压,因此要有足够的强度和刚度,以便抵抗油液压力和其它外力的作用。缸筒内孔一般采用镗削、铰孔、滚压或珩磨等精密加工工艺制造,要求表面粗糙度 Ra 值为 $0.1 \sim 0.4 \ \mu m$,以使活塞及其密封件、支承件能顺利滑动和保证密封效果,减少磨损。为了防止腐蚀,缸筒内表面有时需镀铬。

端盖装在缸筒两端,与缸筒形成密闭容腔,同样承受很大的液压力,因此它们及其连接部件都应有足够的强度。设计时既要考虑强度,又要选择工艺性较好的结构形式。

一般而言,缸筒和缸盖的结构形式和其使用的材料有关。工作压力 $p < 10 \ \mathrm{MPa}$ 时,使用铸铁;$p < 20 \ \mathrm{MPa}$ 时,使用无缝钢管;$p > 20 \ \mathrm{MPa}$ 时,使用铸钢或锻钢。图 4-9 所示为缸筒和缸盖的常见结构形式。

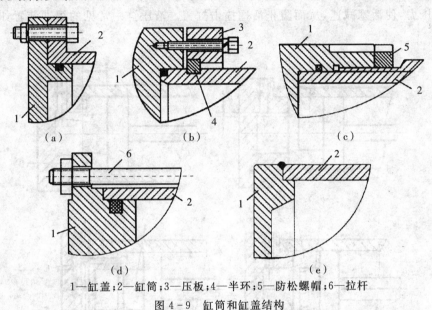

1—缸盖;2—缸筒;3—压板;4—半环;5—防松螺帽;6—拉杆

图 4-9　缸筒和缸盖结构

(a)法兰连接式;(b)半环连接式;(c)螺纹连接式;(d)拉杆连接式;(e)焊接连接式

2. 活塞与活塞杆

活塞组件由活塞、活塞杆和连接件等组成。常用的活塞与活塞杆的连接形式有螺纹式连接和半环式连接,如图 4-10 所示。此外还有整体式、焊接式和锥销式等结构。

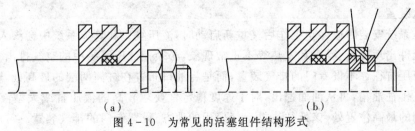

图 4-10　为常见的活塞组件结构形式

(a)螺纹式连接;(b)半环式连接

活塞受油压的作用在缸筒内作往复运动,因此,活塞必须具备一定的强度和良好的耐磨性。活塞一般用铸铁制造。活塞的结构通常分为整体式和组合式两类。活塞杆是连接活塞和工作部件的传力零件,它必须具有足够的强度和刚度。活塞杆无论是实心的还是空心的,通常都用钢料制造。活塞杆在导向套内往复运动,其外圆表面应当耐磨并有防锈能力,故活塞杆外圆表面有时需镀铬。

行程比较短的液压缸往往把活塞杆与活塞做成一体,这是最简单的形式。但当行程较长时,这种整体式活塞组件的加工较费事,所以常把活塞与活塞杆分开制造,然后再连接成一体。

3. 缓冲装置

当液压缸所驱动的工作部件质量较大、速度较高时,一般应在液压缸中设置缓冲装置,必要时还需要在液压系统中设置缓冲回路,以避免在行程终端使活塞与缸盖发生撞击,造成液压冲击和噪声。虽然液压缸中的缓冲装置有多种结构型式,但是它们的工作原理都是相同的,即当活塞行程到终端而接近缸盖时,增大液压缸的回油阻力,使回油腔中产生足够大的缓冲压力,使活塞减速,从而防止活塞撞击缸盖。液压缸中常见的缓冲装置如图 4-11 所示。

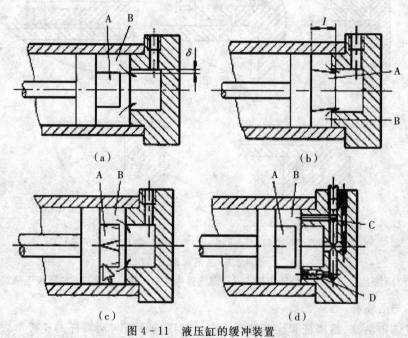

图 4-11　液压缸的缓冲装置
(a)圆柱形环隙式;(b)圆锥形环隙式;(c)可变节流槽式;(d)可调节流孔式

4. 排气装置

在液压系统安装时或停止工作后又重新启动时,液压缸里和管道系统中会渗入空气,为了防止执行元件出现爬行、噪声和发热等不正常现象,必须把液压系统中的空气排出去。对于要求不高的液压缸往往不设专门的排气装置,而是将油口布置在缸筒两端的最高处,通过回油使缸内的空气排往油箱,再从油面逸出,对于速度稳定性要求较高的液压缸或大型液压缸,常在液压缸两侧的最高位置处(该处往往是空气聚积的地方)设置专门的排气装置。常用的排气装置有两种形式,如图 4-12 所示。

4.3　液压缸的安装、调整、常见故障和排除方法

4.3.1　液压缸的装配与安装

液压缸装配和安装合理与否,对系统工作性能有很大影响。在装配和安装时,应注意以下

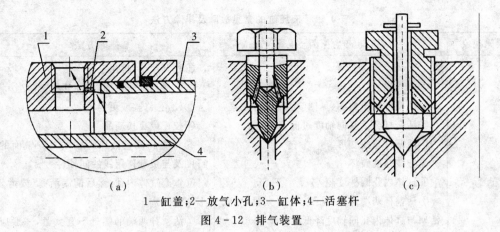

1—缸盖;2—放气小孔;3—缸体;4—活塞杆

图4-12 排气装置

几点:

(1)装配前应清洗零件和去除其毛刺;

(2)活塞与活塞杆组装好后,应检测两者的同轴度(一般应小于 0.04 mm)和活塞杆的直线度(一般应小于 0.1/1000);

(3)缸盖装上后,应调整活塞与缸体内孔、缸盖导孔的同轴度,均匀紧固螺钉,以使活塞在全行程内移动轻重一致;

(4)液压缸装配符合要求,在机床上安装好后,必须检测液压缸轴线对机床导轨面的平行度。同时还应保证轴线与负载作用轴线的同轴度,以免因存在侧向力而导致密封件、活塞和缸体内孔过早磨损损坏;

(5)对于较长液压缸,应考虑热变形和受力变形对液压缸工作性能的影响;

(6)液压缸的密封圈不应调得过紧(特别是 V 形密封圈)。若过紧,活塞运动阻力会增大,同时因密封圈工作面无油润滑也会导致其严重磨损(伸出的活塞杆上能见到油膜,但无泄漏,即认为密封圈松紧合适)。

4.3.2 液压缸的调整

液压缸安装完毕应进行整个液压装置的试运行。在检查液压缸各个部位无泄漏及其它异常之后,应排除液压缸内的空气。有排气塞(阀)的液压缸,先将排气塞(阀)打开,对压力高的液压系统应适当降低压力(一般为 0.5~1.0 MPa),让液压缸空载全程快速往复运动,使缸内(包括管道内)空气排尽后,再将排气塞(阀)关闭。对于有可调式缓冲装置的液压缸,还需调整起缓冲作用的节流阀,以便获得满意的缓冲效果。调整时,先将节流阀通流面积调至较小,然后慢慢地调大,调整合适后再锁紧。在试运行中,应检查进、回油口配管部位和密封部位有无漏油,以及各连接处是否牢固可靠,以防事故发生。

4.3.3 液压缸的常见故障及排除方法

液压缸的故障有很多种,液压缸在试运行时除泄漏现象能发现外,其余故障多在液压系统工作时才能暴露出来。现将液压缸的常见故障和排除方法列于表 4-1。

表 4 - 1　液压缸的常见故障及排除方法

故障现象	产生原因	排除方法
爬行	①空气混入 ②活塞杆的密封圈(见图 3-2)压得太紧 ③活塞杆与活塞同轴度过低 ④活塞杆弯曲变形 ⑤安装精度破坏 ⑥缸体内孔圆柱度超差 ⑦活塞杆两端螺母(见图 3-2)太紧,导致活塞与缸体内孔同轴度降低 ⑧采用间隙密封的活塞,其压力平衡槽局部被磨损掉,不能保证活塞与缸体孔同轴 ⑨导轨润滑不良	①松开接头,排出空气 ②更换新的密封圈,并使其松紧适当 ③校正、修整或更换 ④校正或更换新品 ⑤检查和调整液压缸轴线对导轨面的平行度及与负载作用线的同轴性 ⑥镗磨缸体内孔,然后配制活塞(或增装 O 形密封圈) ⑦活塞杆两端的螺母不宜太紧,一般应保证在液压缸未工作时活塞杆处于自然状态 ⑧更换活塞 ⑨适当增加导轨的润滑油量(或采用具有防爬性能的 $L-HG$ 液压油)
推力不足或速度逐渐下降甚至停止	①缸体内孔和活塞的配合隙太小,或活塞上装 O 形密封圈的槽与活塞不同轴 ②缸体内孔和活塞配合间隙太大或 O 形密封圈磨损严重 ③工作时经常用某一段,造成缸体内孔圆柱度误差增大 ④活塞杆弯曲,造成偏心环状间隙 ⑤活塞杆的密封圈(见图 3-2)压得太紧 ⑥油温太高,油液粘度降低太大 ⑦导轨润滑不良	①单配活塞保证间隙,或修正活塞密封圈槽使之与活塞外圆同轴 ②单配活塞保证间隙,或更换 O 形密封圈 ③镗磨缸体内孔,单配活塞 ④校直(或更换)活塞杆 ⑤调整密封圈压紧力,以不漏油为限(允许微量渗油) ⑥分析油温太高的原因,消除温升太高的根源 ⑦调整润滑油量

 章节实训　液压缸的拆装

1.实训目的

在液压系统中,液压缸是液压系统的主要执行元件。通过对各种液压缸的拆装,应达到以下目的:

(1)了解各类液压缸的结构形式、连接方式、性能特点及应用等。

(2)掌握液压缸的工作原理。

(3)掌握液压缸的常见故障及其排除方法,培养学生实际动手能力和分析问题、解决问题的能力。

2.实训器材

(1)实物:液压缸的种类较多,建议结合本章内容选择典型的液压缸。本实训的重点是拆装双杆活塞液压缸或单杆活塞液压缸。

(2)工具:内六角扳手 1 套、耐油橡胶板 1 块、油盆 1 个及钳工常用工具 1 套。

(3)实训内容与注意事项

双杆活塞液压缸拆装

①拆卸顺序

1)拆掉左右压盖上的螺钉,卸下压盖。

2)拆下端盖。

3)将活塞与活塞杆从缸体中分离。

②主要零件的结构及作用

1)观察所拆装液压缸的类型及安装形式。

2)活塞与活塞杆的结构及其连接形式。

3)缸筒与缸盖的连接形式。

4)观察缓冲装置的类型,分析原理及调节方法。

5)活塞上小孔的作用。

③装配要领

装配前清洗各部件,将活塞杆与导向套、活塞杆与活塞、活塞与缸筒等配合表面涂润滑液,然后按拆卸时的反向顺序装配。

④拆装思考题

1)实心双杆液压缸与空心双杆液压缸的固定部件有何区别?

2)上述两缸的活塞杆有何本质区别?为什么?

3)找出上述两缸的进、出油口及油流通道。

4)分析上述两缸的工作原理及行程。

5)液压缸的调整通常包括哪些方面?分别如何进行?

 习题 4

4-1 液压缸有哪些类型?它们的工作特点是什么?

4-2 如果要使机床工作往复运动速度相同,应采用什么类型的液压缸?

4-3 如图 4-13 所示三种结构形式的液压缸,液压缸内径和活塞杆直径分别为 D、d,如进入液压缸的流量为 q_v,压力为 p,分析各缸产生的推力、速度大小以及运动的方向。

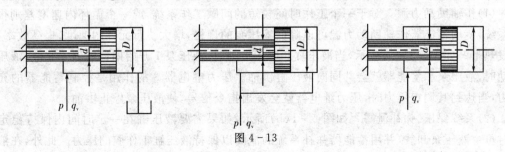

图 4-13

第 5 章　液压辅助元件

液压辅助元件是液压系统的组成部分之一,主要指动力元件、执行元件和控制元件以外的其它配件,主要包括蓄能器、热交换器、过滤器、管件、油箱、密封件等。这些元件对液压系统的性能、效率、温度、噪声和工作寿命都有很大影响。因此,在选择和使用液压系统时,对辅助元件必须予以足够的重视。

通过本章的学习,要求掌握:

1. 蓄能器的工作原理及应用。
2. 过滤器的工作原理及应用。
3. 油箱的功能及结构。
4. 密封元件的工作原理及应用。

本章重点:

各辅助元件的结构及工作原理

5.1　蓄能器

在液压系统中,蓄能器是用来储存和释放液体压力能的元件。当系统压力高于蓄能器内部压力时,系统中的液体充进蓄能器中,直至蓄能器内部压力和系统压力保持平衡,反之,当蓄能器内的压力高于系统压力时,蓄能器中的液体将流到系统中去,直至蓄能器内部的压力和系统压力平衡。

5.1.1　蓄能器的用途

蓄能器可以在短时间内向系统提供具有一定压力的液体,也可以吸收系统的压力脉动和减小压力冲击等。其作用主要有以下几方面:

(1)作辅助动力源　对于一个工作时间较短的间歇工作系统,或一个循环内速度差别很大的系统,使用蓄能器作辅助动力源可以降低液压泵的规格,增大执行元件的速度,提高效率,减少发热量。如图 5-1(a)所示,当液压缸 6 停止运动时,液压泵 1 开始向蓄能器 4 充液;液压缸运动时,液压泵和蓄能器就会共同向液压缸供油。压力继电器 3 的作用是控制蓄能器的充液压力,当达到其调定压力时,压力继电器就会发出指令信号,使液压泵停止供油。

(2)系统保压、弥补泄露　如图 5-1(b)所示,如果需要液压缸在一定时间内保持稳定压力时可令液压泵卸载,并用蓄能器弥补系统的泄漏以保持液压缸工作腔的压力。此外,在液压泵发生故障时,蓄能器可作为应急能源在一定时间内保持系统压力,防止系统发生故障。

(3)吸收压力冲击　如图 5-1(c)所示,在液压缸 6 开停、换向阀 5 换向及液压泵 1 停车等情况下液流发生激烈变化时均会产生液压冲击而引起执行机构运动不均匀,严重时还会引起故障。此时,蓄能器能够吸收回路中的冲击压力,起安全保护作用。

(4)吸收压力脉动齿轮泵、柱塞泵和溢流阀等均会产生流量和压力的脉动变化。如图

5-1(d)所示,蓄能器能够吸收或减少液压泵的流量脉动成分和其它因素造成的压力脉动变化,以降低系统的噪声和振动。

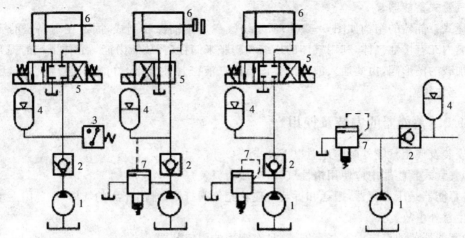

1—液压泵;2—单向阀;3—压力继电器;4—蓄能器;5—换ＮＮ;6—液压缸;7—溢流阀

图 5-1　蓄能器的作用

(a)作辅助动力源;(b)系统保压;(c)吸收压力冲击;(d)吸收压力脉动

5.1.2　蓄能器的结构及工作原理

目前,常用的是利用气体膨胀和压缩进行工作的充气式蓄能器,有活塞式和气囊式两种。

1. 活塞式蓄能器

活塞式蓄能器的结构如图 5-2(a)所示。活塞的上部为压缩空气,气体由气门充入,其下部经油孔 a 通入液压系统中。气体和油液在蓄能器中由活塞隔开,利用气体的压缩和膨胀来储存、释放压力能。活塞随下部液压油的储存和释放而在缸筒内产生相对滑动。

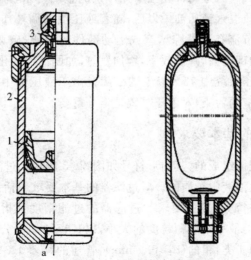

图 5-2　蓄能器结构

(a)活塞式蓄能器;(b)气囊式蓄能器

这种蓄能器的结构简单,使用寿命长,但是因为活塞有一定的惯性及受到摩擦力作用,反应不够灵敏,所以不宜用于缓和冲击、脉动以及低压系统中。此外,密封件磨损后会使气液混合,也将影响液压系统的工作稳定性。

2. 气囊式蓄能器

气囊式蓄能器的结构如图 5-2(b)所示。气囊用耐油橡胶制成,固定在耐高压的壳体上部。气囊内充有惰性气体,利用气体的压缩和膨胀来储存、释放压力能。壳体下端的提升阀是用弹簧加载的菌形阀,由此通入液压油。该结构气液密封性能十分可靠,气囊惯性小,反应灵敏,但工艺性较差。

5.1.3　蓄能器的安装及使用

在安装及使用蓄能器时应注意以下几点:

(1)气囊式蓄能器中应使用惰性气体(一般为氮气)。

(2)蓄能器是压力容器,搬运和拆装时应将充气阀打开,排出充入的气体,以免因振动或碰撞而发生意外事故。

(3)蓄能器的油口应向下竖直安装,且有牢固的固定装置。

(4)液压泵与蓄能器之间应设置单向阀,以防止液压泵停止工作时,蓄能器内的液压油向液压泵中倒流;应在蓄能器与液压系统的连接处设置截止阀,以供充气、调整或维修时使用。

(5)蓄能器的充气压力应为液压系统最低工作压力的 $90\% \sim 25\%$;而蓄能器的容量,可根据其用途不同,参考相关液压系统设计手册来确定。

5.2　过滤器

液压传动系统中所使用的液压油将不可避免地含有一定量的某种杂质。例如:有残留在液压系统中的机械杂质;有经过加油口、防尘圈等处进入的灰尘;有工作过程中产生的杂质,如密封件受液压作用形成的碎片、运动件相互摩擦产生的金属粉末、油液氧化变质产生的胶质、沥青质、炭渣等。这些杂质混入液压油中以后,随着液压油的循环作用,会导致液压元件中相对运动部件之间的间隙、节流孔和缝隙堵塞或运动部件的卡死;破坏相对运动部件之间的油膜,划伤间隙表面,增大内部泄漏,降低效率,增加发热,加剧油液的化学作用,使油液变质。根据实际统计数字可知,液压系统中 75% 以上的故障是由于液压油中混入杂质造成的。因此,维护油液的清洁,防止油液的污染,对液压系统是十分重要的。

5.2.1　对过滤器的基本要求

过滤器是由滤芯和壳体组成的,其图形符号如图 5-3 所示。过滤器就是靠滤芯上面的微小间隙或小孔来阻隔混入油液中杂质的。对过滤器的基本要求包括:

(1)满足液压系统对过滤精度的要求　过滤器的过滤精度是指油液通过过滤器时,滤芯能够滤除的最小杂质颗粒度的大小,以其直径 d 的公称尺寸来表示。一般将过滤器分为 4 类:粗的($d \geqslant 0.1$ mm)、普通的($d \geqslant 0.01$ mm)、精的($d \geqslant 0.05$ mm)、特精的($d \geqslant 0.001$ mm)。

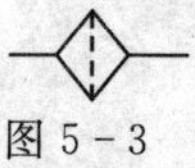

图 5-3

(2)满足液压系统对过滤能力的要求　过滤器的过滤能力是指在一定压力差作用下允许通过过滤器的最大流量的大小,一般用过滤器的有效滤油面积来表示。

（3）过滤器应具有一定的机械强度　制造过滤器所采用材料应保证在一定的工作压力下不会因液压力的作用而受到破坏。

5.2.2　过滤器的类型及特点

过滤器按滤芯的材料和结构形式可分为网式、线隙式、纸芯式、磁性式及烧结式等。

1. 网式过滤器

如图 5-4 所示，网式过滤器由一层或两层铜丝网 1 包围着四周开有很大窗口的金属或塑料骨架 2 构成。它一般安装在液压系统的吸油口上，用作液压泵的粗滤。其特点是结构简单，通油性能好，压力损失较小（一般为 0.025 MPa 左右）；但是它的过滤精度较低，使用时铜质滤网会使油液氧化过程加剧，因此需要经常清洗。

2. 线隙式过滤器

如图 5-5 所示，线隙式过滤器的滤芯由铜丝绕成，依靠铜丝间的间隙起到滤除混入油液中杂质的作用。它分为压油管路用过滤器和吸油管路用过滤器两种。用于吸油管路时，可将滤芯部分直接浸入油液中；其特点是结构简单，通油能力大，过滤精度比网式过滤器高；缺点是不易清洗。因此，线隙式过滤器常用于低压回路（小于 2.5 MPa）。

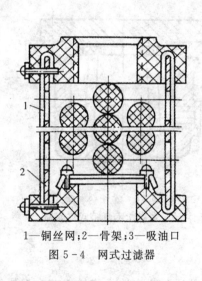

1—铜丝网；2—骨架；3—吸油口

图 5-4　网式过滤器

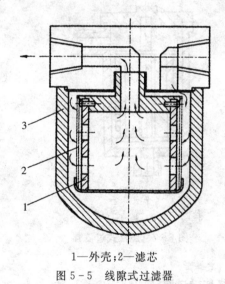

1—外壳；2—滤芯

图 5-5　线隙式过滤器

3. 纸芯式过滤器

如图 5-6 所示，纸芯式过滤器的滤芯由平纹或皱纹的酚醛树脂或木浆微孔滤纸组成，滤芯围绕在骨架上。为了提高滤芯的强度，一般的滤芯可分为三层：外层采用粗眼钢板网；中层为折叠成 w 形的滤纸；里层由金属丝网与滤纸一并折叠在一起。滤芯的中央还装有支撑弹簧。其特点是过滤精度高、结构紧凑、质量轻、通油能力大，工作压力可达 38 MPa；缺点是不能清洗，因此要经常更换滤芯。

4. 磁性式过滤器

如图 5-7 所示，磁性式过滤器是用来滤除混入油液中的铁磁性杂质的，特别适用于经常加工铸件的机床液压系统中。磁性式滤芯还可以与其它过滤材料（如滤纸、铜网等）构成组合滤芯。

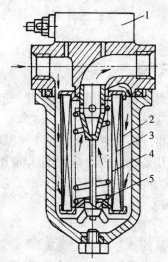

1—堵塞状态信号发出装置；2—滤芯外层；3—滤芯中层；4—滤芯内层；5—支撑弹簧

图 5-6　纸芯式过滤器

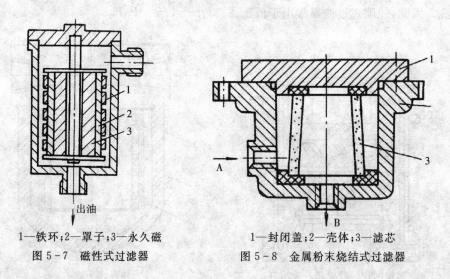

1—铁环；2—罩子；3—永久磁　　　　1—封闭盖；2—壳体；3—滤芯

图 5-7　磁性式过滤器　　　　　图 5-8　金属粉末烧结式过滤器

5. 烧结式过滤器

如图 5-8 所示，烧结式过滤器的滤芯由青钢颗粒通过粉末冶金烧结工艺高温烧结而成，利用颗粒间的微孔滤除油液中的杂质。它的压力损失一般为 0.03～0.2 MPa，它的主要特点是过滤精度较高（10～100μm），强度大，承受热应力和冲击性能好，能在较高温度下工作，有良好的抗腐蚀性。其缺点是易堵塞，难清洗，使用中烧结颗粒容易脱落。

5.2.3　过滤器在液压系统中的安装位置及使用与维护

1. 过滤器安装位置

（1）安装在液压泵的吸油管路上　粗过滤器（网式或线隙式过滤器）一般安装在液压泵的吸油管路上，主要是保护液压泵免遭较大颗粒杂质的直接伤害。为了不影响液压泵的吸油能力，其通油能力应大于液压泵流量的 2 倍。

（2）安装在压油管路上　在压油管上安装各种形式的精过滤器,是用来保护除液压泵以外的其它液压元件。这样安装的过滤器,因为是在高压下工作,所以要求过滤器要有一定的强度,且最大压力下降不能超过 0.35 MPa,为防止过滤器出现堵塞现象,可并联一安全阀或堵塞指示器。

（3）安装在回油路上　安装在回油管路上的精过滤器可以保证流回液压油箱的油液是清洁的。为了防止过滤器堵塞,也要并联一个安全阀和堵塞指示器。

（4）安装在辅助泵的输油路上　在一些闭式液压系统的辅助油路上,辅助液压泵的工作压力不高,一般只有 0.5～0.6 MPa。因此,可将精过滤器安装在辅助液压泵的输油管上,从而保证杂质不会进入主油路的各液压元件中。

2.过滤器使用与维护

随着液压装置的大型化、自动化、精密化程度的不断提高,对过滤器的要求也不断提高。过滤器使用要求是:一般在液压泵的吸油管路上必须安装粗过滤器;除在重要液压元件前安装精过滤器外,一般应将精过滤器安装在回油管路上。由于过滤器只能单方向使用,因此必须注意的是,过滤器不要安装在液流方向经常改变的油路上。如果需要这样设置时,应该适当加设过滤器和单向阀。为了保护过滤器,需要并联安全阀和报警用的过滤器堵塞指示器,还要经常、定期清洗过滤器。

5.3　油箱

5.3.1　油箱的用途及其容积的确定

油箱的主要作用是储存油液,此外还起着对油液的散热、杂质沉淀和使油液中的空气逸出等作用。按油箱液面是否与大气相通,油箱可分为开式与闭式两种。开式油箱用于一般的液压系统中;闭式油箱用于水下和对工作稳定性、噪声有严格要求的液压系统中。

油箱的容积必须保证在设备停止运转时,系统中的油液在自重作用下能全部返回液压油油箱。油箱的有效容积（液面高度只占液压油油箱高度 80％时的油箱容积）一般要大于泵每分钟流量的 3 倍（行走装置为 1.5～2 倍）。通常低压系统中,油箱有效容积取为每分钟流量的2～4 倍,中高压系统为每分钟流量的 5～7 倍;若是高压闭式循环系统,其油箱的有效容积应由所需外循环油或补充油油量的多少而定;对工作负载大,并长期连续工作的液压系统,油箱的容量需按液压系统的发热量,通过计算来确定。

5.3.2　液压油箱的结构

开式液压油箱如图 5－9 所示。

1.基本结构

油箱外形以立方体或长六面体为宜。最高油面只允许达到箱内高度的 80％。油箱内壁需经喷丸、酸洗和表面清洗。液压泵、电动机和阀的集成装置等可直接固定在顶盖上,亦可安装在图示安装板上。安装板与顶盖间应垫上橡胶板,以缓冲振动。油箱底脚高度应为150 mm以上,以便散热、搬运和放油。

2.油管的设置

液压泵的吸油管与液压系统回油管之间的距离应尽可能远些,管口插入许用的最低油面以下，但离油箱底要大于管径的 $2\sim3$ 倍，以免吸入空气和飞溅起泡。回油管口截成 $45°$ 斜角且面向箱壁以增大通流截面，有利于散热和沉淀杂质。吸油管端部装有过滤器，并离油箱壁有 3 倍管径的距离以便四面进油。阀的泄油管口应在液面之上，以免产生背压。液压马达和液压泵的泄油管则应插入液面以下，以免产生气泡。

3. 隔板的设置

设置隔板是将吸油、回油区分开，迫使油液循环流动，以利于散热和杂质沉淀。隔板高度可接近最高液面。如图 $5\sim9$(b)所示，通过设置隔板可以获得较大的流程，且与四壁保持接触，效果会更佳。

4. 空气滤清器与液位计的设置

空气滤清器的作用是使油箱与大气相通，保证液压泵的吸油能力，除去空气中的灰尘兼作加油口。一般将其布置在顶盖靠近油箱边处。液位计用于监测油的高度，其窗口尺寸应能满足对最高和最低液位的观察。

5. 放油口与清洗窗的设置

油箱底面做成双斜面，或向回油侧倾斜的单斜面。在最低处设置放油口。大容量油箱为便于清洗，通常在侧壁上设置清洗窗口。

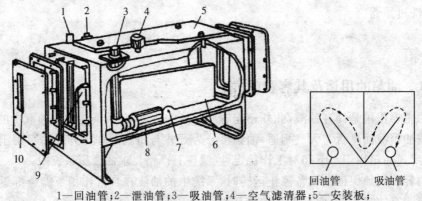

1—回油管；2—泄油管；3—吸油管；4—空气滤清器；5—安装板；
6—隔板；7—放油口；8—过滤器；9—清洗窗；10—液位计

图 5-9　开式液压油箱

(a)基本结构；(b)三隔板原理；(c)图形符号

5.4　热交换器

液压系统的正常工作温度应保持在 $40\sim60℃$ 的范围内，最低不得低于 $15℃$，最高不超过 $65℃$。油温过高或过低都会影响液压系统的正常工作，此时就必须安装热交换器来控制油液的温度。热交换器的图形符号如图 5-10 所示。

图 5-10　热交换器的图形符号

(a)冷却器；(b)加热器

5.4.1　冷却器

冷却器除了可以通过管道散热面积直接吸收油液中的热量外,还可以使油液流动出现紊流时通过破坏边界层来增加油液的传热系数。对冷却器的基本要求是:在保证散热面积足够大、散热效率高和压力损失小的前提下,应结构紧凑、坚固、体积小、重量轻,最好有自动控制油温装置,以保证油温控制的准确性。

1. 冷却器的结构

(1)蛇形管冷却器　图 5-11 所示为最简单的蛇形管冷却器,它直接安装在油箱内并浸入油液中,管内通冷却水。这种冷却器的冷却效果不好,耗水量大。

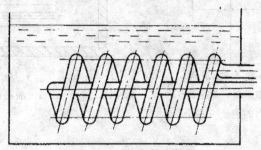

图 5-11　蛇形管冷却器

(2)对流式多管冷却器　图 5-12 所示为液压系统中用得较多的一种强制对流式多管冷却器,油液从油口 c 进入,从油口 b 流出;冷却水从右端盖 4 中部的孔 d 进入,通过右水管 3 后从左端盖 1 上的孔 a 流出。油在水管外面流过,三块隔板 2 用来增加油液的循环距离,以改善散热条件,冷却效果较好。

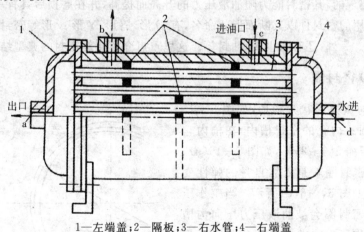

1—左端盖;2—隔板;3—右水管;4—右端盖
图 5-12　对流式多管冷却器

2. 冷却器的安装

冷却器一般都安装在回油路及低压管路上,图 5-13 所示为冷却器常用的一种连接方式。安全阀 6 对冷却器起保护作用;当系统不需要冷却时,截止阀 4 打开,油液直接流回油箱。

5.4.2　加热器

电加热器的安装方式如图 5-14 所示。一般情况下,电加热器应水平安装,发热部分全部浸入油液当中;安装位置应使油箱中的油液形成良好的自然对流;单个加热器的功率不能太大,以避免其周围油液过度受热而变质。

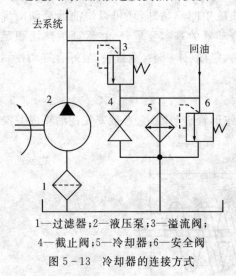

1—过滤器;2—液压泵;3—溢流阀;
4—截止阀;5—冷却器;6—安全阀

图 5-13　冷却器的连接方式

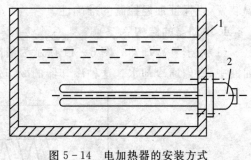

图 5-14　电加热器的安装方式
1—油箱;2—电加热器

5.5　密封装置

密封可分为间隙密封和接触密封两种方式,间隙密封是依靠相对运动零件配合面的间隙来防止泄漏的,其密封效果取决于间隙的大小、压力差、密封长度和零件表面质量。接触密封是靠密封件在装配时的预压缩力和工作时密封件在油液压力作用下发生弹性变形所产生的弹性接触压力来实现的,其密封能力随油液压力的升高而提高,并在磨损后具有一定的自动补偿能力。目前,常用的密封件以其断面形状命名,有 O 形、唇形、Y 形、v 形等密封圈,其材料为耐油橡胶、尼龙等。另外,还有防尘圈、油封等。这里重点介绍接触密封的典型结构及使用特点。

5.5.1　O 密封圈

O 密封圈的截面形状为圆形,如图 5-15所示。用在外圆或内孔的密封槽内,在槽内它的截面直径被压缩 8%～25%,如图 5-16(a)、(b)所示。O 形密封圈就是依靠自身的弹性变形力来密封的,如图 5-16(c)所示。当工作压力较高时,O 形密封圈会被油液压力压向沟槽的另一侧,若工作压力非常高,O 形密封圈还将被挤出密封槽而遭到破坏,因此,当系统的工作压力超过 10 MPa 时,应在 O 形密封圈的侧面安放挡圈,如图 5-17 所示。若 O 形密封圈单向受压,挡圈应加在非受压侧,如图 5-17(a)所示;若 O 形密封圈双向受压,两侧应同时加挡圈,如图 5-17(b)所示。制作挡圈所用的材料常用聚四氟乙烯、尼龙等。

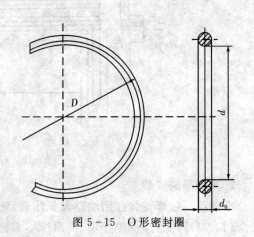

图 5-15　O 形密封圈

O 形是是结构简单、安装尺寸小、使用方便、摩擦力较小、价格低,故应用十分广泛。

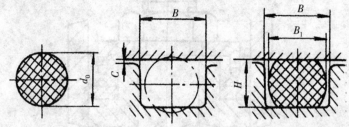

图 5 – 16　O 形密封圈的工作原理

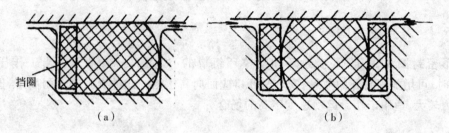

（a）　　　　　　　　　　　（b）

图 5 – 17　O 形密封圈加用挡圈

(a)一侧安放挡圈;(b)两侧安放挡圈

5.5.2　唇形密封圈

唇形密封圈工作时唇 E_1 应对着有压力的一侧,当工作介质压力等于 0 或很低时,靠预压缩密封,压力较高时在介质压力作用下将唇边紧贴密封面而实现密封。按其截面形状可分为 Y 形、Yx 形、V 形、u 形、L 形和 J 形等多种,主要用于动密封。

5.5.3　Y 形密封圈

Y 形密封圈的截面形状和密封原理,如图 5 – 18 所示。当工作压力超过 20 MPa 时,应施加挡圈,当工作压力有较大波动时要加支撑环,如图 5 – 19 所示。由于 Y 形密封圈的摩擦力小、使用寿命长、密封可靠、磨损后能自动补偿,所以它适用于运动速度较高的场合,其工作压力可达 20 MPa。

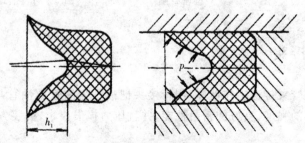

图 5 – 18　Y 形密封圈结构及密封原理

(a)截面形状;(b)密封原理

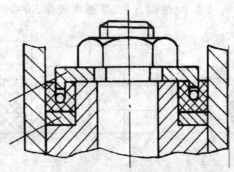

图 5-19　加支撑环和挡圈的 Y 形密封结构

5.5.4　V 形密封圈

　　V 形密封圈是由压环、密封环和支撑环组成的,如图 5-20 所示。当工作压力高于 10 MPa时,可增加密封环的数量;安装时开口应面向高压侧。此种密封能够耐高压,但密封处摩擦阻力较大,适用于相对运动速度不高的场合。

5.5.5　油封

　　油封是适用于旋转轴用的密封装置,按其结构可分为骨架式和无骨架式两类。骨架式油封,如图 5-21,由橡胶油封体、金属加强环、自紧螺旋弹簧组成。油封的内径 d 比被密封轴的外径略小,油封装到轴上后对轴产生一定的抱紧力。油封常用于液压泵和液压马达的转轴密封。

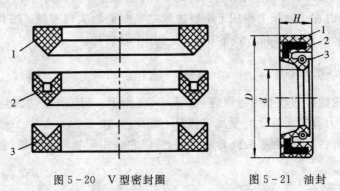

图 5-20　V 型密封圈　　　　　图 5-21　油封

5.6　油管与管接头

　　液压系统通过油管来传送工作液体,用管接头把油管与油管或油管与元件连接起来。油管和管接头应有足够的强度、良好的密封性能,并且压力损失要小、拆装方便。

5.6.1　油管

1.油管的种类

油管的种类和适用场合见表 5-1。

表 5-1 油管的种类和适用场合

种类		特点和适用场合
硬 管	钢 管	价低、耐油、抗腐、刚性好,但装配时不便弯曲。常在装拆方便处用作压力管道。中压以上条件下采用无缝钢管,低压条件下采用焊接钢管
	纯铜管	价高,抗振能力差,易使浊液氧化,但易弯曲成形,只用于仪表装配不便处
	尼龙管	乳白色半透明,可观察流动情况。加热后可任意弯曲成形和扩口,冷却后即定形。承压能力为 2.5~8 MPa
软 管	塑料管	耐油、价低、装配方便,长期使用易老化,只适用于压力低于 0.5 MPa 的回油管与泄油管
	橡胶管	用于柔性连接,分高压和低压两种。高压胶管由耐油橡胶夹钢丝编织网制成,用于压力管路;低压胶管由耐油橡胶夹帆布制成,用于回油管路

2. 油管的安装要求

(1)管路应尽量短、布置整齐、转弯少,避免过小的转弯半径,弯曲后管径的圆度不得大于 10%,一般要求弯曲半径大于其直径的 3 倍,管径小时还要加大,并保证管路有必要的伸缩变形余地。液压油管悬伸太长时要有支架支撑。

(2)管路最好平行布置,且尽量少交叉。平行或交叉的液压油管间至少应留有 10 mm 的间隙,以防接触振动,并给安装管接头留有足够的空间。

(3)安装前的管子,一般先用 20% 的硫酸或盐酸进行酸洗;酸洗后再用 10% 的苏打水中和;然后用温水洗净后,进行干燥、涂油处理,并作预压试验。

(4)安装软管时不允许拧扭,直线安装要有余量,软管弯曲半径应不小于软管外径的 9 倍。弯曲处管接头的距离至少是外径的 6 倍。若结构要求管子必须小于弯曲半径时,则应选用耐压性较好的管子。

5.6.2 管接头

在液压系统中,对于金属管之间以及金属管件与元件之间的连接,可以采用直接焊接、法兰连接和管接头连接等方式。焊接连接要进行试装、焊、除渣、酸洗等一系列工序,且安装后拆卸不方便,因此很少采用。法兰连接工作可靠,拆装方便,但外形尺寸较大;一般只对直径大于 50 mm 的液压油管采用法兰连接。对小直径的液压油管,普遍采用管接头连接,如焊接管接头、卡套式管接头、扩口管接头等。

1. 焊接管接头

如图 5-22 所示,焊接管接头是将管子的一端与管接头上的接管 1 焊接起来后,再通过管

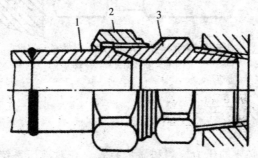

图 5-22 球面接触焊接管接头

接头上的螺母2、接头体3等与其它管子式元件连接起来的一类管接头。接头体3与接管1之间的密封可采用图5－22所示的球面压紧的方法来密封。除此之外,还可采用O形密封圈或金属密封圈加以密封。

2.卡套式管接头

如图5－23所示为卡套式管接头的一种基本形式,它由接头体、卡套和螺母等零件组成。拧紧螺母3时,依靠卡套4楔入接头体1与接管2之间的缝隙而实现连接。接头体的拧入端与焊接式管接头一样,可以是圆柱细牙螺纹,也可以是圆锥螺纹。这种管接头的最高工作压力可达40 MPa。

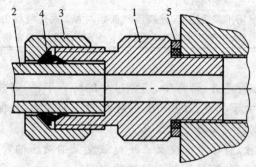

1—接头体;2—接管;3—螺母;4—卡套;5—组合密封垫

图5－23 卡套式管接头

3.扩口式管接头

扩口式管接头如图5－24所示。接管2(一般为铜管或薄壁钢管)端部扩口角为74°,导套4的内锥孔为66°。装配时的拧紧力通过接头螺母3转换成轴向压紧力,由导套传递给接管的管口部分,使扩口锥面与接头体密封锥面之间获得接触比压,在起刚性密封作用的同时,也起到连接作用并承受由管内流体压力所产生的接头体与接管之间的轴向分力。这种管接头的最高工作压力一般小于16 MPa。

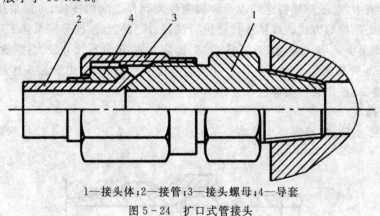

1—接头体;2—接管;3—接头螺母;4—导套

图5－24 扩口式管接头

5.7　压力表及压力表开关

液压系统必须设置必要的压力检测和显示装置。在对液压系统调试时,用来调定各有关部位的压力;在液压系统工作时,检查各有关部位压力是否正常。通常在液压泵的出口、主要执行元件的进油口、安装压力继电器的地方、液压系统中与主油路压力不同的支路及控制油路、蓄能器的进油口等处,均应安装压力检测装置。

压力检测装置通常采用压力表及压力传感器。压力表一般通过压力表开关与油路连接。为减少压力表的数量,一些压力表开关上有多个测压点,可与液压系统的不同部位相连。

5.7.1　压力表

1. 常见压力表的结构原理

压力表的种类很多,最常用的是弹簧管式压力表,如图 5 - 25 所示。油压力传入扁截面金属弹簧管 1,弹簧管变形使其曲率半径加大,端部的位移通过拉杆 3 使扇形齿轮 2 摆动。于是与扇形齿轮 2 啮合的中心齿轮 8 带动指针 9 转动,这时即可由表盘 6 读出压力值。

2. 压力表的选用

选用压力表时应注意的问题主要包括:压力测量范围(量程范围)、测量精确度、压力变化情况(静态、慢变、速变和冲击等)、使用场合(有无振动、湿度和温度的高低、周围气体有无爆炸性和可燃性等)、工作介质(有无腐蚀性、易燃性等)、是否具备远距离传输功能以及对附加装置的要求等。

(1)量程　在被测压力较稳定的情况下,最大压力值不超过压力表满量程的 3/4;在被测压力波动较大的场合,最大压力值不超过压力表满量程的 2/3。为提高示值精度,被测压力最小值应不低于全量程的 1/3。

(2)测量压力的类型　要按被测压力是绝对压力、表压及差压这三种类型选择相应的测量仪表。

(3)压力的变化情况　要根据被测压力是静压力、缓变压力及动态压力来选择仪表。测量动态压力时,要考虑其频宽的要求。

(4)测量精度　应保证测量最小压力值时,所选压力表的精度等级能达到系统所要求的测量精度。

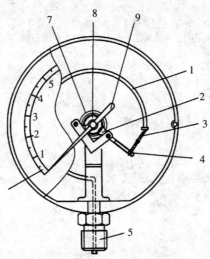

1—弹簧管;2—扇形齿轮;3—拉杆;4—调节螺钉;5—接头;6—表盘;7—游丝;8—中心齿轮;9—指针

图 5 - 25　弹簧管式压力表

5.7.2　压力表开关

压力油路与压力表之间需装压力表开关。压力表开关可看做是一个小型的截止阀,用以接通或断开压力表与油路的通道。压力表开关有一点式、三点式、六点式等。多点压力表开关可使压力表油路分别与几个被测油路相连通,因而用一个压力表可检测多点处的压力。如图5-26所示为六点式压力表开关,图示位置为非测量位置,此时压力表油路经沟槽 a、小孔 b 与油箱连通。若将手柄向右推进去,沟槽 a 将使压力表油路与测量点处的油路连通,并将压力表油路与通往油箱的油路断开,这时便可测出该测量点的压力。如将手柄转到另一个测量点位置,则可测出其相应压力。压力表中的过油通道很小,可防止表针的剧烈摆动。当不测量液压系统的压力时,应将手柄拉出,使压力表与系统油路断开,以保护压力表并延长其使用寿命。

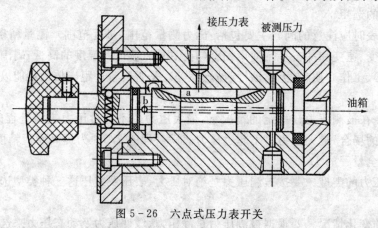

图 5-26　六点式压力表开关

习题　5

5-1　蓄能器的功能?

5-2　过滤器的选用和安装要求是什么?

5-3　常用的密封装置有哪些?

5-4　油箱的功能有哪些?

第6章　液压控制元件

在液压传动系统中,液压控制元件主要用来控制液压执行元件运动的方向、承载的能力和运动的速度,以及机械设备工作性能的要求。按其用途可分为方向控制阀、压力控制阀和流量控制阀三大类。尽管其类型各不相同,但它们之间存在着共性,在结构上所有阀的阀口开度面积、进出油口的压力差与流经阀的流量都遵循孔口流量公式,所有的阀都是通过控制阀体和阀芯的相对运动来实现控制的。

通过本章学习,要求掌握:

1.三位阀的中位机能及电液换向阀的工作原理。

2.先导式溢流阀的工作原理及溢流阀的应用。

3.调速阀的工作原理及应用。

4.液压控制元件的常见故障及其排除方法。

本章难点:

1.电液换向阀的工作原理。

2.调速阀的工作原理。

3.液压控制元件的常见故障诊断。

6.1　液压控制元件概述

液压控制阀,简称为液压阀,它是液压系统中的控制元件,其作用是控制和调节液压系统中液压油的流动方向、压力的高低和流量的大小,以满足执行元件的启动、停止、运动方向、运动速度、动作顺序等要求,使整个液压系统能按要求协调地进行工作。由于调节的工作介质是液体,所以统称为液压阀或阀。

尽管液压阀存在着各种各样不同的类型,它们之间有一些基本共同之处。首先,在结构上,所有的阀都有阀体、阀芯(滑阀或转阀)和驱使阀芯动作的元部件(如弹簧、电磁铁)组成;其次在工作原理上,所有阀的开口大小,阀进、出口间压力差以及流过阀的流量之间的关系都符合孔口流量公式,仅是各种阀控制的参数各不相同而已。如方向阀控制的是执行元件的运动方向,压力阀控制的是液压传动系统的压力,而流量阀控制的是执行元件的运动速度。

6.1.1　液压阀的分类

液压控制阀可按不同的特征进行分类

(1)根据用途和工作特点不同,液压控制阀一般可以分为三大类:方向控制阀(用来控制液压系统中油液流动方向以满足执行元件运动方向的要求,例如单向阀、换向阀等);压力控制阀(用来控制液压系统中的工作压力或通过压力信号实现控制,例如溢流阀、减压阀、顺序阀等);流量控制阀(用来控制液压系统中油液的流量,以满足执行元件调速的要求,例如节流阀、调速阀)等。

（2）根据阀的结构形式不同，分为滑阀式、锥阀式、球阀式。

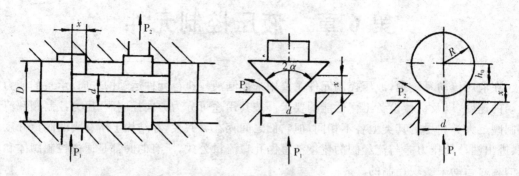

图 6-1　阀的结构形式
(a)滑阀；(b)锥阀；(c)球阀

（3）按连接方式分为管式连接阀、板式连接阀、法兰式连接阀，目前还出现了叠加式连接阀、插装式连接阀；按工作原理可分为通断式、比例式和伺服式阀；按组合程度可分为单一阀和组合阀等。

组合阀就是根据需要将各类阀相互组合装在一个阀体内成为组合阀，以减少管路连接，使结构更为紧凑，提高系统效率；如单向节流阀、单向顺序阀、单向行程阀和电磁卸荷阀等。

（4）根据控制方式不同分为开关阀、比例阀、伺服阀和数字阀。

定值或开关控制阀——被控制量为定值或阀口启闭控制液流通路的阀类，包括普通控制阀、插装阀、叠加阀。

电液比例控制阀——被控制量与输入电信号成比例连续变化的阀类，包括普通比例阀和带内反馈的电液比例阀。

伺服控制阀——被控制量与输入信号及反馈量成比例连续变化的阀类，包括机液伺服阀和电液伺服阀。

数字控制阀——用数字信息直接控制阀口的启闭来控制液流的压力、流量、方向的阀类。

伺服控制阀——被控制量与输入信号及反馈量成比例连续变化的阀类，包括机液伺服阀和电液伺服阀。

数字控制阀——用数字信息直接控制阀口的启闭来控制液流的压力、流量、方向的阀类。

6.1.2　液压阀的性能参数

1.公称通径

公称通径代表阀的通流能力大小，对应于阀的额定流量。与阀的进出油口连接的油管的规格应与阀的通径相一致。阀工作时的实际流量应小于或等于它的额定流量，最大不得大于额定流量的 1.1 倍。

2.额定压力

液压控制阀长期工作所允许的最高压力。对压力控制阀，实际最高压力有时还与阀的调压范围有关；对换向阀，实际最高压力还可能受其功率极限的限制。

6.1.3　对液压阀的基本要求

（1）动作灵敏、使用可靠、工作时冲击和振动要小，噪声要低。

（2）阀口开启时，作为方向阀，液流的压力损失要小；作为压力阀，阀芯工作的稳定性要好。

（3）所控制的参量（压力或流量）稳定，受外干扰时变化量要小。

（4）结构紧凑，安装、调试、维护方便，通用性好。

6.2 方向控制阀

方向控制阀主要用来控制液压系统中各油路的通、断或油液流动方向以满足执行元件运动方向的要求，包括单向阀、换向阀两种。

6.2.1 单向阀

单向阀有普通单向阀和液控单向阀两种，用于油路需要单向导通及锁紧回路的场合。

1. 普通单向阀

普通单向阀是只允许压力油单方向流动而反向截止的控制阀元件。液压系统中对普通单向阀的要求主要是：①压力油正向通过阀时压力损失小；②反向截止时密封性能好；③动作灵敏，工作时冲击和噪声小等。

图 6-2 所示是普通单向阀的工作原理结构图。图 6-2(a) 为管式阀，图 6-2(b) 为板式阀，图 6-2(c) 为普通单向阀的图形符号。压力油从阀体左端的通口 P_1 流入时，克服弹簧 3 作用在阀芯 2 上的力，使阀芯向右移动，打开阀口，并通过阀芯 2 上的径向孔 a、轴向孔 b 从阀体右端的通口流出，实现正向导通。但是压力油从阀体右端的通口 P_2 流入时，它和弹簧力一起使阀芯锥面压紧在阀座上，使阀口关闭，油液无法通过，实现反向截止。

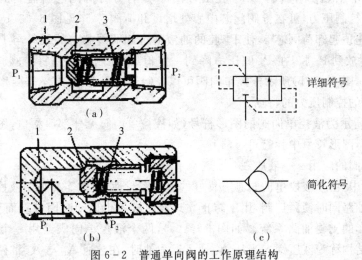

图 6-2 普通单向阀的工作原理结构

2. 液控单向阀

又称为单向闭锁阀，其作用是使液流有控制地单向流动，起保压、支撑等功用。液控单向阀分为普通型和卸荷型两类。图 6-2 所示是液控单向阀的结构，由单向阀和液控装置组成。

液控单向阀的工作原理：当控制油口 K 处无压力油通入时，和普通单向阀相似，压力油只能从通口 P_1 流向通口 P_2，实现正向导通；当压力油从 P_2 口流入时，液压油将阀芯 2 推压在阀座上,封闭油路,实现反向截止,和普通单向阀的作用一样。当控制油口 K 通入压力油推动控制活塞 1(控制活塞上腔油液经外部泄漏口 L 流出)将锥阀阀芯 2 顶起时,P_2 和 P_1 沟通,液流从两个方向都可以自由通过。

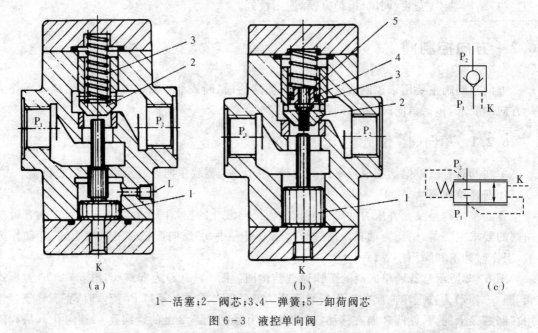

1—活塞;2—阀芯;3、4—弹簧;5—卸荷阀芯

图 6 - 3 液控单向阀

(a)普通液控单向阀结构图;(b)带卸荷阀芯的液控单向阀结构图;(c)职能符号图

图 6 - 3(a)所示液控单向阀,当 P_2 腔压力较高时,打开锥阀阀芯所需要的控制压力可能很高。为了减小控制压力,可在锥阀阀芯中心处增设卸荷阀芯 5,见图 6 - 3(b)。锥阀开启之前,控制活塞 1 先顶起卸荷阀芯 5,使 P_2 腔的油液通过卸荷阀芯上的缺口与 P_1 腔沟通,相应 P_2 腔的压力油泄放到 P_1 腔,在 P_2 腔压力降到一定值后,控制活塞便将锥阀阀芯顶起,使 P_2 和 P_1 完全连通。图 6 - 3(b)所示液控单向阀可以控制较高压力,具有不需要增加控制活塞的直径和使用过高的控制压力的特点。

图 6 - 3(c)所示为液控单向阀的图形符号(如液控单向阀无外部泄漏口,图形符号中的泄漏符号相应去掉,图形符号中弹簧可省略)。

※液控单向阀的应用——液压锁

在工程实际中,由于液控单向阀具有良好的单向密封性,常常需要采用液控单向阀进行执行机构的进、回油路同时锁紧控制,用于防止立式液压缸停止运动时因自重而下滑,保证系统的安全;如工程车的支腿油路系统。如图 6 - 4(a),两个液控单向阀共用一个阀体和控制活塞,这样组合的结构称为液压锁。当从 A_1 通入压力油时,在导通 A_1 与 A_2 油路的同时推动活塞右移,顶开右侧的单向阀,解除 B_2 到 B_1 的反向截止作用;当 B_1 通入压力油时,在导通 B_1 与 B_2 油路的同时推动活塞左移,顶开左侧的单向阀,解除 A_2 到 A_1 的反向截止作用;而当 A_1 与 B_1 口没有压力油作用时,两个液控单向阀都为关闭状态,锁紧油路。

图 6 - 4(b)所示为液压锁的图形符号。

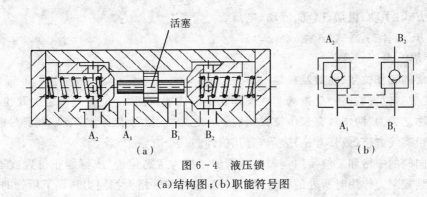

图 6-4　液压锁

(a)结构图；(b)职能符号图

6.2.2　换向阀

换向阀是借助于阀芯与阀体之间的相对运动,控制与阀体相连的各油路实现通、断或改变压力油方向的元件。换向阀既可用来使执行元件换向,也可用来切换油路。

对换向阀的基本要求是:①压力油通过阀时压力损失小;②互不相通的油口间的泄漏小;③换向可靠、迅速且平稳无冲击。

1. 换向阀工作原理

换向阀基本工作原理是依靠阀芯与阀体的相对运动切换液流的方向或油路通、断,实现控制液压系统相应的工作状态。图 6-5 所示是滑阀式三位五通换向阀的工作原理。液压阀由阀体和阀芯组成。阀体的内孔开有 5 个沉割槽,对应外接 5 个油口,称为五通阀。阀芯上有 3 个台肩与阀体内孔配合。

在液压系统中,一般情况设 P、T(T_1、T_2)为压力油口和回油口;A、B 为接负载的工作油口(下同)。在图 6-5(b)所示位置(中间位置),各油口互不相通;如果使阀芯右移一段距离,则 P、A 相通,B、T_2 相通,液压缸活塞右移;如果使阀芯左移,则 P、B 相通,A、T_1 相通,液压缸活塞左移。

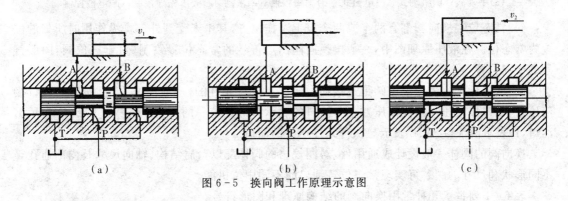

图 6-5　换向阀工作原理示意图

2. 换向阀的分类

换向阀按阀的操纵方式、工作位置数、结构形式和控制的通道数的不同,可分为各种不同的类型。

按位置:二位、三位

按通道:二通、三通、四通、五通等

按操纵方式:手动、机动、电动、液动、电液

按安装方式:管式、板式、法兰式

按阀芯结构:滑阀、转阀

3. 换向阀的工作位数、通数及机能

(1)位置数 位置数(位)是指阀芯在阀体孔中的位置,有几个位置就称之为几位;比如有两个位置即称之为为"两位",有三个位置我们就称之为"三位",依次类推。职能符号图图形中"位"是用用粗实线方格(或长方格)表示,有几位即画几个方格来表示。

三位换向阀的中格和二位换向阀靠近弹簧的一格为常态位置(或称静止位置或零位置),即阀芯末受到控制力作用时所处的位置;靠近控制符号的一格为控制力作用下所处的位置。

(2)通路数 通路数(通)是指换向阀控制的外连工作油口的数目。一个阀体上有几个进、出油口就是几通。将位和通的符号组合在一起就形成了阀体整体符号。在图形符号中,用"┳"和"┻"表示油路被阀芯封闭,用"│"或"／"表示油路连通,方格内的箭头表示两油口相通,但不表示液流方向。一个方格内油路与方格的交点数即为通路数,几个交点就是几通。

二位二通阀相当于一个开关,用于控制油口 P、A 的通断;二位三通阀有三个油口,一个位置上 P 与 A 相通,另一个位置上 A 与 T 相通,用于油路切换;二位四通、三位四通、二位五通和三位五通阀用于控制执行元件换向。二位阀与三位阀的区别在于,三位阀有中间位置而二位阀无中间位置。四通阀和五通阀的区别在于,五通阀具有 P、A、B、T_1 和 T_2 五个油口,而四通阀的 T_1 和 T_2 油口在阀体内连通,故对外只有 P、A、B 和 T 四个油口。

(3)控制符号 常见的滑阀操纵方式示于图 6-6 中。

|(a)|(b)|(c)|(d)|(e)|(f)|(g)|

图 6-6 滑阀操纵方式

(a)手动式;(b)机动式;(c)电磁式;(d)弹簧控制;(e)液动;(f)液压先导控制;(g)电液控制

(4)常态位 换向阀都有两个或两个以上工作位置,其中未受到外部操纵作用时所处的位置为常态位。在液压原理图中,一般按换向阀图形符号的常态位置绘制(对于三位阀,图形符号的中间位置为常态位)。

(5)油口标示 因为液压阀是连接动力元件和执行元件的,一般情况下,换向阀的入口接液压泵,出口接液压马达或液压缸。各油口的表示符号是统一的,P 表示进油口,T、O 表示出油口,L 表示泄油口,A、B 表示与执行元件连接的油口。

换向阀的阀体一般设计成通用件,对同规格的阀体配以台肩结构、轴向尺寸及内部通孔等不同形状和尺寸的阀芯可实现常态位各油口的不同中位机能。

表 6-1 列举了几种常用换向阀的结构原理和图形符号。

表 6 - 1　换向阀的结构原理和图形符号

名称	结构原理图	图形符号
二位二通	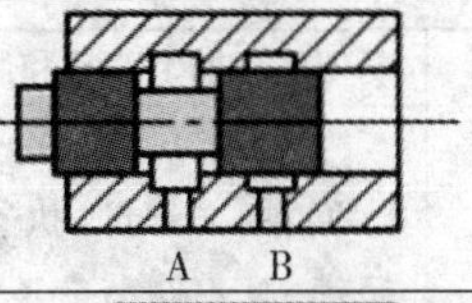	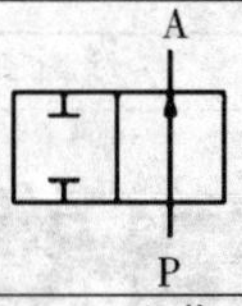
二位三通	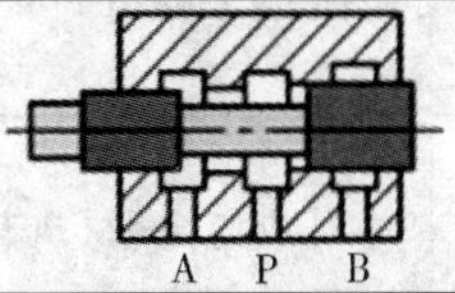	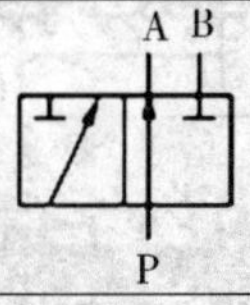
二位四通	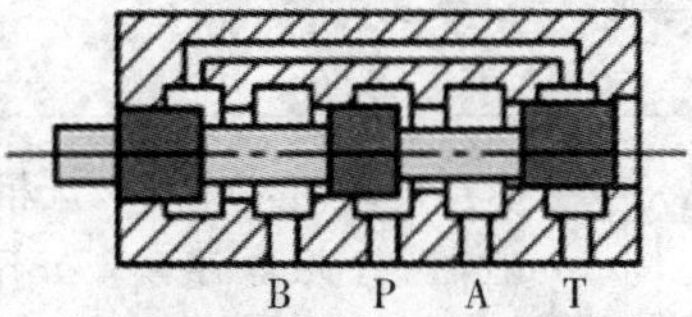	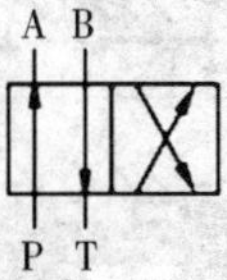
三位四通	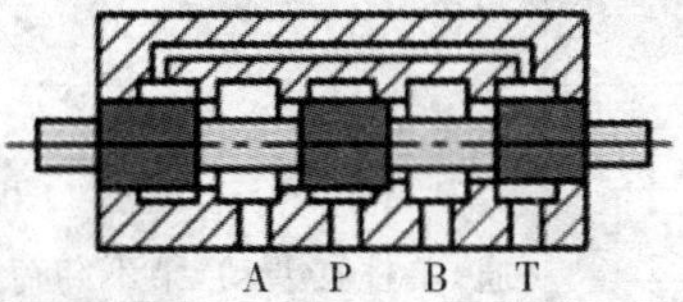	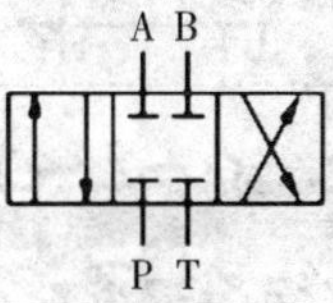

4. 三位换向阀的中位机能

三位换向滑阀的左、右位是切换油液的流动方向,以改变执行元件运动方向的。其中位为常态位置。

利用中位 P、A、B、T 间通路的不同连接,可获得不同的中位机能以适应不同的工作要求。表 6 - 2 列举了三位换向阀的各种中位机能以及它们的作用、特点。

从表 6 - 2 中可以看出,不同的中位机能具有各自特点。分析液压阀在中位时或与其它工作位置转换时对液压泵和液压执行元件工作性能的影响。通常考虑以下几个因素:

(1)系统保压与卸荷　　P 口被堵塞时,系统保压,此时的液压泵可以用于多缸系统。如果 P 口与 T 口相通,此时液压泵输出的油液直接流回油箱,没有压力,称为系统卸荷;

(2)换向精度与平稳性　　如果 A、B 油口封闭,液压阀从其它位置转换到中位时,执行元件立即停止,换向位置精度高,但液压冲击大,换向不平稳;如果 A、B 油口都与 T 相通,液压阀从其它位置转换到中位时,执行元件不易制动,换向位置精度低,但液压冲击小;

(3)启动平稳性　　如果 A、B 油口封闭,液压执行元件停止工作后,阀后的元件及管路充满油液,重新启动时较平稳;如果 A、B 油口与 T 相通,液压执行元件停止工作后,元件及管路中油液泄漏回油箱,执行元件重新启动时不平稳;

(4)液压执行元件"浮动"　　液压阀在中位时,靠外力可以使执行元件运动来调节其位置,称为"浮动"。如 A、B 油口互通时的双出杆液压缸;或 A、B、T 口连通时情况等。

5. 几种常见的滑阀式换向阀

(1)手动(机动)换向阀　　手动换向阀阀心的运动是借助人力来实现的;机动换向阀则通过安装在液压设备运动部件上的撞块或凸轮推动阀心,它们的共同特点是工作可靠。机动换向阀通常是弹簧复位式的二位阀,它的结构简单,换向位置精度高。图 6 - 7 所示为三位四通手动换向阀的结构图和图形符号,其中图 6 - 7(a)为弹簧钢球定位式,图 6 - 7(b)为弹簧自动复位式。如果将多个手动换向阀进行叠加组合,那么就能构成多路换向阀。

表6-2 三位换向阀的中位机能

型式	结构原理图	中位符号	中位油口状况和特点	其它机能符号示
O		A B P T	回油口全封,执行元件闭锁,泵不卸荷	J C
H		A B P T	回油口全通,执行元件浮动,泵卸荷	X U
Y		A B P T	P口封闭,A、B、T口相通,执行元件浮动,泵不卸荷	N K
P		A B P T	T口封闭,P、A、B口相通,单杆缸差动,泵不卸荷	OP
M		A B P T	P、T口相通,A、B口封闭,执行元件闭锁,泵卸荷	MP

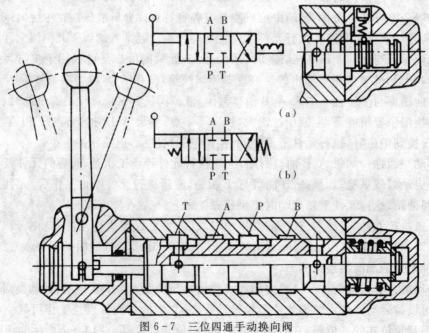

(a)

(b)

图6-7 三位四通手动换向阀

(a)钢球定位结构;(b)弹簧自动复位机构

（2）电磁换向阀　电磁换向阀控制力是电磁力，利用电磁铁的通电吸合与断电释放而直接推动阀芯来切换液流的方向或油路通、断，实现控制液压系统相应的工作状态；是电气系统与液压系统之间的信号转换元件，它的电气信号由按钮开关、限位开关、行程开关等元件使液压系统方便地实现各种操作及自动顺序动作。

图 6-8（a）为二位三通交流电磁换向阀结构，在图示位置，油口 P 和 A 相通，油口 B 断开；当电磁铁通电吸合时，推杆 1 将阀芯 2 推向右端，这时油口 P 和 A 断开，而与 B 相通。而当磁铁断电释放时，弹簧 3 推动阀芯复位。图 6-8（b）所示为其职能符号。

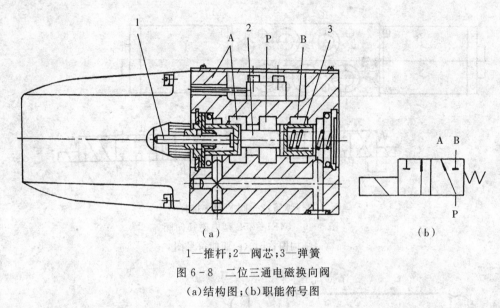

1—推杆；2—阀芯；3—弹簧

图 6-8　二位三通电磁换向阀

（a）结构图；（b）职能符号图

图 6-9 为 34E1-25B 型电磁换向阀。二位电磁阀有一个电磁铁靠弹簧复位；三位电磁阀有两个电磁铁。其型号中"3"表示换向阀位置数，"4"表示油口通路数，"E"表示直流电源，"25"表示公称流量为 25 L/min，"B"表示板式。三位电磁阀的阀芯在阀体孔内有三个位置，因此它需要两个电磁铁，两个对中弹簧 1 和 3；当左、右电磁铁均断电时，阀芯 2 在对中弹簧作用下处于中间位置（即图示位置），油口 P、A、B、T 互不相通；当右边电磁铁通电（左边电磁铁应断电）时，阀芯在推杆 4 推动下移至左端位置，油口 P 和 A，B 和 T 相通；当左边电磁铁通电（右边电磁铁应断电）时，阀芯被推向右端，压力油口 P 和 B 相通，油口 A 通过沉割槽 b、纵向孔和油口 T 相通。泄漏到阀芯两端油腔和的油液可经孔 d 和泄油口 L 流回油箱。如果泄漏油被困在和油腔，电磁换向阀将不能正常的工作。如果上述电磁换向阀没有纵向孔，而在沉割槽 b 处直接开有通入油箱的回油口，就变成三位五通电磁换向阀。

（3）液动换向阀　液动换向阀广泛用于大流量（阀的通径大于 10 mm）的控制回路中控制油流的方向。

图 6-10 为三位四通液动换向阀的结构和图形符号。

当控制油路的压力油从阀左边的控制油口 K_1 进入滑阀左腔，滑阀右腔 K_2 接通回油时，阀芯向右移动，使得 P 与 A 相通，B 与 T 相通；当 K_2 接通压力油，K_1 接通回油时，阀芯向左移动，使压力油口 P 与 B 相通，A 与 T 相通；当 K_1、K_2 都通压力油时，阀芯在两端弹簧和定位套作用下回到中间位置，P、A、B、T 均不相通。

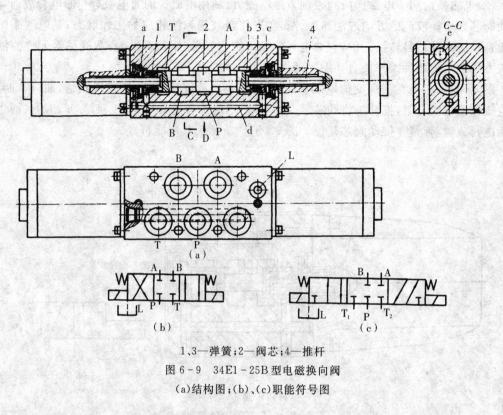

1、3—弹簧；2—阀芯；4—推杆

图 6-9　34E1-25B 型电磁换向阀

(a)结构图；(b)、(c)职能符号图

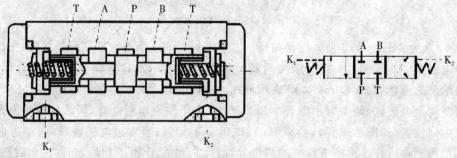

图 6-10　三位四通液动换向阀

（4）电液换向阀

电液换向阀是由电磁换向阀和液动换向阀组合而成的，电磁换向阀起先导作用，通过它来改变控制油液的流动方向，实现液动阀的换向。在大中型液压设备中，当通过阀的流量较大时，作用在滑阀上的摩擦力和液动力较大，此时电磁换向阀的电磁铁推力相对地太小，可用较小流量的电磁阀来控制较大流量的液动阀。由于操纵液动滑阀的液压推力可以很大，所以主阀芯的尺寸可以很大，允许有较大的压力油量通过。

图 6-11 所示为弹簧对中型三位四通电液换向阀的结构和职能符号，当先导电磁阀左边的电磁铁通电后使其阀芯向右边位置移动，来自主阀 P 口或外接油口的控制压力油可经先导电磁阀的 A′口和左单向阀进入主阀左腔，并推动主阀阀芯向右移动，这时主阀阀芯右腔中的控制油液可通过右边的节流阀经先导电磁阀的 B′口和 T′口，再从主阀的 T 口或外接油口流

回油箱(主阀阀芯的移动速度可由右边的节流阀调节),使主阀 P 与 A、B 和 T 的油路相通;反之,由先导电磁阀右边的电磁铁通电,可使 P 与 B、A 与 T 的油路相通;当先导电磁阀的两个电磁铁均不带电时,先导电磁阀阀芯在其对中弹簧作用下回到中位,此时来自主阀 P 口或外接油口的控制压力油不再进入主阀芯的左、右两腔,主阀芯左右两腔的油液通过先导电磁阀中间位置的 A′、B′两油口与先导电磁阀 T′口相通(如图 6-11(b)所示),再从主阀的 T 口或外接油口流回油箱。主阀阀芯在两端对中弹簧的预压力的推动下,依靠阀体定位,准确地回到中位,此时主阀的 P、A、B 和 T 油口均不通。电液换向阀还有液压对中形式,在液压对中的电液换向阀中,先导式电磁阀在中位时,A′、B′两油口均与油口 P 连通,而 T′则封闭,其它方面与弹簧对中的电液换向阀基本相似。

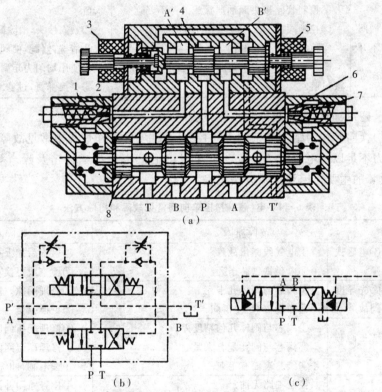

1、6—节流阀;2、7—单向阀;3、5—电磁铁;4—电磁阀阀芯;8—主阀阀芯

图 6-11　电液换向阀

(a)结构图;(b)职能符号;(c)简化职能符号

6.方向控制阀常见故障和排除方法

(1)液控单向阀常见故障和排除方法

当控制活塞上无压力油作用时,其工作状况就是普通的单向阀;当有压力油控制时,其正反方向的油液应该均能进行流动。在实际工作中,它可能会产生无法实现正反方向的油液流动故障,即常见的液控失灵;产生此类故障的排除,一般都采取或更换、或清洗、或疏通、或研配等针对性修理方法来进行解决。常见故障主要原因及排除方法见表 6-3。

表 6 - 3   液控单向阀常见故障和排除方法

故障现象	故障原因		排除方法
反向 不密封 有泄漏	单向阀 不密封	单向阀卡死 ①阀芯与阀孔配合过紧 ②弹簧侧弯、变形、太弱	①修配,使阀芯移动灵活 ②更换弹簧
		锥面与阀座锥面接触不均匀 ①阀芯锥面与阀座同轴度差 ②阀芯/阀座外径与锥面不同心 ③油液过脏	①检修或更换 ②检修或更换 ③过滤油液或更换
反向 打不开	单向阀 打不开	①控制压力过低 ②控制管路接头漏油严重或油路不畅通 ③控制阀芯卡死(如加工精度低,油液过脏) ④控制阀端盖处漏油 ⑤单向阀卡死(弹簧弯曲;加工精度低;油液过脏)	①提高控制压力,使之达到要求值 ②紧固接头,消除漏油或更换油管 ③清洗,修配,使阀芯移动灵活 ④使用均匀力矩紧固端盖螺钉 ⑤更换弹簧;过滤或更换油液

(2)电(液、磁)换向阀常见故障和排除方法

电(液、磁)换向阀作为结构复杂的方向控制阀,在实际工作过程中常见故障有主阀工作不良、电磁铁吸力不足以及电磁线圈故障、压降过大、流量不够、换向冲击及噪声等。电(液、磁)换向阀常见故障的主要原因及排除方法见表 6 - 4。

表 6 - 4   电(液、磁)控单向阀常见故障和排除方法

故障现象	故障原因		排除方法
主阀芯 不运动	①电磁铁 故障	①电气线路出故障 ②电磁铁铁芯卡死	①检查后加上控制信号 ②检查或更换
	②先导电 磁阀故障	①阀芯与阀体孔卡死 ②弹簧侧弯,使滑阀卡死	①修理间隙;过滤或更换油液 ②更换弹簧
	③主阀芯 卡死	①阀芯与阀体几何精度差 ②阀芯与阀孔配合太紧 ③阀芯表面有毛刺	①修理配研间隙达到要求 ②修理配研间隙达到要求 ③去毛刺,冲洗干净
	④液控油 路故障	控制油路无油 ①控制油路电磁阀未换向 ②控制油路被堵塞	①检查原因并消除 ②检查清洗,并使控制油路畅通
		控制油路压力不足	拧紧端盖螺钉,清洗调整节流阀
	⑤油液变 质或油温 过高	①油液过脏使阀芯卡死 ②油液中产生胶质,导致阀芯粘着卡死 ③油液粘度太高,使阀芯移动困难 ④油温过高,使零件产生热变形,产生卡死	①过滤或更换 ②清洗、消除油温过高 ③更换合适的油液 ④检查油温过高原因并消除
	⑥安装 不良	①安装螺钉拧紧力矩不均匀 ②阀体上连接的油管不合理	①重新紧固螺钉,受力均匀 ②重新安装
	⑦复位弹 簧故障	①弹簧力过大或断裂 ②弹簧侧弯变形,阀芯卡死	①更换弹簧 ②更换弹簧

故障现象		故障原因	排除方法
阀芯换向后通过的流量不足	阀开口量不足	①电磁阀中推杆过短 ②阀芯移动时有卡死现象,不到位 ③弹簧太弱,推力不足,使阀芯行程不到位	①更换适宜长度的推杆 ②配研达到要求 ③更换适宜的弹簧
压力降过大	阀参数选择不当	实际通过流量大于额定流量	应在额定范围内使用
液控换向阀阀芯换向速度不易调节	调整装置故障	①单向阀封闭性差 ②节流阀加工精度差,不能调节最小流量 ③排油腔阀盖处漏油 ④针形节流阀调节性能差	①修理或更换 ②修理或更换 ③更换密封件,拧紧螺钉 ④改用三角槽节流阀
电磁铁过热或线圈烧坏	①电磁铁故障	①线圈绝缘不好 ②电磁铁铁芯不合适,吸不住 ③电压太低或不稳定	①更换 ②更换 ③电压的变化值应在额定电压的10%以内
	②负荷变化	①换向压力过大 ②换向流量过大 ③回油口背压过高	①降低压力 ②更换规格合适的电液换向阀 ③调整背压使其在规定值内
	③装配不良	铁芯与阀芯轴线同轴度不良	重新装配
电磁铁吸力不够	装配不良	①推杆过长 ②电磁铁铁芯接触不良	①修磨推杆 ②消除故障,重新装配达到要求
冲击与振动	①换向冲击	①电磁铁规格过大,吸合速度快而产生冲击 ②液动换向阀控制流量过大,阀芯移动速度太快而产生冲击 ③单向节流阀中的单向阀钢球漏装或钢球破碎,不起阻尼作用	①需要采用大通径换向阀时,应优先选用电液动换向阀 ②调小节流阀节流口减慢阀芯移动速度 ③检修单向节流阀
	②振动	固定电磁铁的螺钉松动	紧固螺钉,并加防松垫圈

6.3 压力控制阀

　　压力控制阀是用来控制液压系统中的工作压力或通过压力信号实现控制油液压力高低来实现某种动作的液压阀,简称压力阀。压力阀的共同点是利用作用在阀芯上的液压力和弹簧力相平衡的原理工作。按用途分溢流阀、顺序阀、减压阀、平衡阀和卸荷阀;按阀芯结构分滑阀、球阀和锥阀;按工作原理分直动阀和先导阀。

6.3.1 溢流阀

　　溢流阀的主要用途是溢去系统多余油液的同时使系统压力得到调整并保持基本恒定。溢流阀在液压系统中能分别起到溢流稳压、安全保护、远程调压与多级调压,使油泵卸荷以及使液压缸回油腔形成背压等多种作用。

按结构和工作原理不同,溢流阀可分为直动型溢流阀和先导型溢流阀两类。

1. 直动型溢流阀

直动式溢流阀是靠液压系统中的压力油直接作用在阀芯上与弹簧力相平衡,控制阀芯的启闭动作实现溢流。直动式溢流阀一般只用于低压、小流量液压系统;新型的直动式溢流阀具有特殊结构特点,可以适用于高压系统。如图 6-12 所示为低压直动式溢流阀。

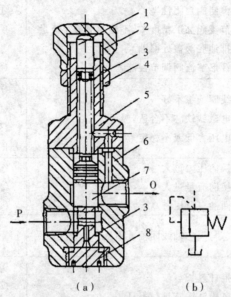

1—推杆;2—调整螺母;3—弹簧;4—锁紧螺母;5—阀盖;6—阀体;7—阀芯;8—螺塞

图 6-12 直动式溢流阀

(a)结构图;(b)职能符号图

图 6-12 所示溢流阀因压力油直接作用于阀芯,故称为直动式溢流阀;通过调节调压弹簧的预压缩量就可调节溢流阀进油口处压力。直动式溢流阀用于控制较高压力或较大流量时,需要刚度较高的调压弹簧,不但手动调节困难,而且溢流阀口开度(调压弹簧附加压缩量)略有变化便引起较大的压力变化。P 型直动式溢流阀的公称压力为 2.5 MPa。图 6-12(b)为直动式溢流阀的图形符号,也是溢流阀的一般符号。

2. 先导式溢流阀

先导式溢流阀的工作原理是通过压力油先作用在先导阀芯上与弹簧力相平衡,再作用在主阀芯上与弹簧力相平衡,实现控制主阀芯的启闭动作。中、高压系统常采用先导式溢流阀。

图 6-13 所示为 Y 型先导型溢流阀,由先导阀和主阀两部分组成,压力油从进油口进入进油腔 P 后,经主阀芯 5 的径向孔再分为两路,一路经轴向孔 f 进入主阀芯的下端;另一路经阻尼孔 e 进入主阀芯的上端,再经孔 c 和 b 作用于先导阀的锥阀 3 上。系统压力较低时,先导阀关闭,主阀芯两端液压力相等,主阀芯在平衡弹簧 4 作用下处于最下端(图示位置),主阀溢流阀口关闭;系统压力升高到作用于锥阀的液压力大于先导阀调压弹簧 2 的作用力时,先导阀(先导阀可视为小型直动型溢流阀)开启,此时,P 油腔压力油经孔、c、b、锥阀阀口、孔和 T 油腔流回油箱,由于阻尼小孔的作用,在主阀芯两端形成一定压力差,主阀芯在此压力差作用下克

服平衡弹簧的弹力而向上移动,主阀溢流阀口开启,实现溢流稳压作用;调节手轮 1 可调节调压弹簧的预压缩量,进而调整系统压力。

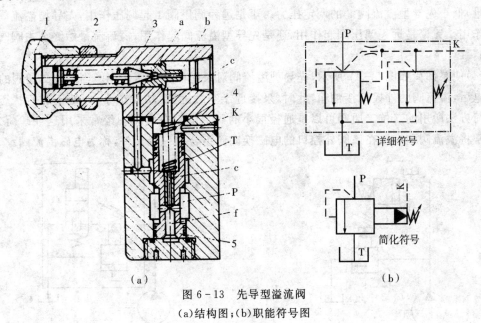

图 6 - 13　先导型溢流阀
(a)结构图;(b)职能符号图

3. 溢流阀的应用

(1)溢流稳压　在定量泵液压系统中,溢流阀通常接在泵的出口处,与去系统的油路并衰,如图 6 - 14 所示。泵供油的一部分按速度要求由流量阀 2 调节流往系统的执行元件,多余油液通过被推开的溢流阀 1 流回油箱,而在溢流的同时稳定了泵的供油压力。

(2)过载保护　变量泵系统如图 6 - 15 所示,执行元件速度由变量泵自身调节,不需溢流;泵的供油压力可随负载变化,也不需要进行稳压。但是,在变量泵出口处常接一溢流阀,其调定压力约为系统最大工作压力的 1.1 倍;该液压系统一旦过载,溢流阀立即打开,从而保证了系统的安全。故此系统中的溢流阀又称为安全阀。

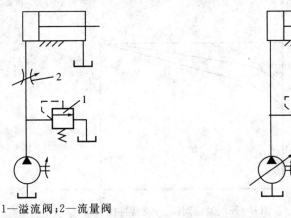

1—溢流阀;2—流量阀

图 6 - 14　溢流阀用于溢流稳压　　　图 6 - 15　溢流阀用于过载保护

(3)远程调压如图 6 - 16 所示,远程调压阀实际上是一个独立的直动型溢流阀,将其旁接在先导型溢流阀 2 的远程调压口,则与主溢流阀的先导阀并联于主阀心的上腔,即主阀上腔的液压油同时作用在远程调压阀1和先导型溢流阀2的阀芯上。实际使用时,主溢流阀安装在最靠近液压泵的出口,而远程调压阀1则安装在操作台上,远程调压阀1的调定压力(弹簧预压缩量)低于先导型溢流阀2的调定压力。于是远程调压阀1起调压作用,先导型盔流阀2起安全作用。无论是远程调压阀起作用,还是先导型溢流阀起作用,溢流流量始终至主阀阀口回油箱。

　　(4)使泵卸荷如图6-17所示,先导型溢流阀对泵起溢流稳压作用。当二位二通阀的电磁铁通电后,溢流阀的外控口接油箱,此时,泵接近于空载运转,功耗很小,即处于卸荷状态。这种卸荷方法所用的二位二通阀可以是通径很小的阀。由于在实用中经常采用这种卸荷方法,为此常将溢流阀和串接在该阀外控口的电磁换向阀组合成一个元件,称为电磁溢流阀。

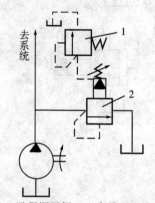

1—远程调压阀;2—先导型溢流阀

图6-16　溢流阀用于远程调压

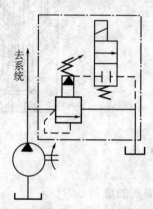

图6-17　溢流阀用于使泵卸荷

4.溢流阀的静态特性

　　溢流阀是液压系统中极其重要的控制元件,其特性对系统的工作性能影响很大。所谓静态特性,是指元件或系统在稳定工作状态下的性能。溢流阀的静态特性指标很多,主要是指压力-流量特性,如图6-18所示。

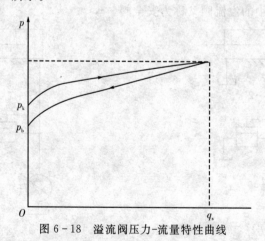

图6-18　溢流阀压力-流量特性曲线

　　在溢流阀调压弹簧的预压缩量调定之后,溢流阀的开启压力 p_k 即已确定,阀口开启后溢流阀的进口压力随溢流量的增加而略有升高;当流量为额定值时,压力 P_s 最高,随着流量减少阀口则反向趋于关闭,阀的进口压力降低,阀口关闭时的压力为 P_b,因摩擦力的方向不同,

$P_b < P_k$。溢流阀的进口压力随流量变化而波动的性能称为压力—流量特性,如图 6-18 所示。压力—流量特性的好坏用调压偏差($p_s - p_k$)、($p_s - p_b$)或开启压力比 $n_k = p_k/p_s$、闭合压力比 $n_b = p_b/p_s$ 评价。显然,调压偏差应小些,n_k、n_b 应大些,一般先导型溢流阀的 $n_k = 0.9 \sim 0.95$。

6.3.2　减压阀

减压阀是利用油液通过缝隙时产生压降的原理,使系统中某一支路获得较液压泵供油压力低的稳定压力的压力阀。按调节要求不同有:用于保证出口压力使其为定值的定值减压阀;用于保证进、出口压力差不变的定差减压阀;用于保证进、出口成比例的定比减压阀。其中定值减压阀应用最广,这里只介绍定值减压阀。

1. 减压阀的结构及工作原理

图 6-19 所示为先导型减压阀,其先导阀与溢流阀的先导阀相似。而主阀部分与溢流阀不同的是:阀口常开,在安装位置时,主阀芯在弹簧的作用下位于最下端,且阀的开口最大,不起减压作用;引到先导阀前腔的是出口处的液压油,能够保证出口压力为定值。

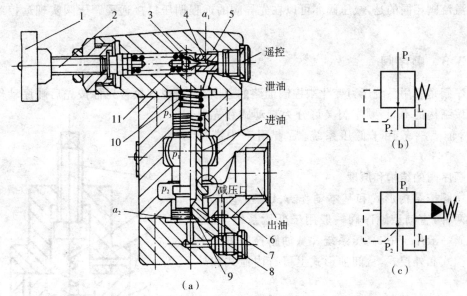

1—调压手轮;2—调节螺钉;3—先导锥阀;4—锥阀座;5—阀盖;6—阀体;
7—主阀芯;8—端盖;9—阻尼孔;10—主阀弹簧;11—调压弹簧

图 6-19　滑阀式减压阀

(a)结构原理;(b)、(c)图形符号

图 6-19 所示,进口液压油经主阀阀口(减压缝隙)流至出口时,压力为 p_2。与此同时,出口液压油经阀体、端盖上的通道进入住阀芯下腔,然后经住阀芯上的阻尼孔到住阀芯上腔和先导阀的前腔。在负载较小、出口压力 p_2 低于调压弹簧的调定压力时,先导阀关闭,主阀心阻尼孔无液流通过,主阀心上、下两腔压力相等,主阀心在弹簧的作用下处于最下端,阀口全开,不起减压作用。若出口压力 p_2 随负载增大超过调压弹簧的调定压力时,先导阀阀口开启,主阀出口液压油经主阀心阻尼孔到主阀心上腔、先导阀口,再经泄油口回油箱。因阻尼孔的阻尼作用,主阀上下两腔出现压力差($p_2 - p_3$),主阀心在压力差的作用下克服上端弹簧的阻力向上运动,因主阀阀口减小而起到减压作用。当出 M 压力 p_2 下降到调定值时,先导阀心和主阀心

同时处于受力平衡,出口压力保持稳定不变。通过调节调压弹簧的预压缩量,即调节弹簧力的大小可改变阀的出口压力。

2. 减压阀的应用与特点

将减 K.N 应用在液压系统中可获得压力低于系统压力的二次油路,如夹紧油路、润滑油路和控制油路。必须说明的是,减压阀的出口压力的大小还与出口处负载的大小有关,若因负载建立的压力低于调定压力,则出口压力由负载决定,此时减压阀不起减压作用,进、出口压力相等,即减压阀保证出口压力恒定的条件是先导阀开启。

通过比较减压阀与溢流阀的工作原理和结构,可以将二者的差别归纳为以下三点:

(1)减压阀的实质为出口压力控制,以保证出口压力为定值;溢流阀的实质为进口压力控制,以保证进口压力恒定。

(2)减压阀阀口常开,进、出油口互通;溢流阀阀口常闭,进、出油口不通。

(3)减压阀出口处液压油可用于工作,压力不等于零,先导阀弹簧腔的泄漏油需单独引回油箱;溢流阀的出口直接接回油箱,因此先导阀弹簧腔的泄漏油经阀体内流道内泄至出口。

与溢流阀相同的是,减压阀亦可以在先导阀的远程调压口接远程调压阀实现远控或多级调压。

6.3.3 顺序阀

顺序阀是利用系统压力变化来控制油路的通断,以实现各执行元件按先后顺序动作的压力阀。按结构的不同,顺序阀又可分为直动式和先导式两种,前者一般用于低压系统,后者用于中高压系统。

1. 顺序阀的结构和原理

顺序阀按结构形式和基本动作方式有直动式和先导式两种,直动型顺序阀一般用于低压系统,先导式顺序阀一般用于中、高压系统。从油路控制方式上可有内控式和外控式,从卸油形式上可有内泄式和外泄式。

顺序阀的工作原理和溢流阀相似,其主要区别在于:溢流阀的出油口接油箱,而顺序阀的出油口接执行元件,即顺序阀的进、出油口均通压力油,因此它的泄油口要单独接油箱。顺序阀阀芯和阀体孔的封油长度较溢流阀长,而且阀芯上不开轴向三角槽。

图 6-20 所示为一种直动型顺序阀的结构原理。液压油由进油口 A 经阀体 4 和下盖 7 的小孔流到控制活塞 6 的下方,使阀芯 5 受到一个向上的推力作用。当进口油压较低时,在弹簧 2 的作用下处于下部位置,这时进、出油口 A、B 不通。当进口油压增大到预调的数值以后,阀心底部受到的推力大于弹簧力,阀心上移,进出油口连通,液压油就从顺序阀流过。顺序阀

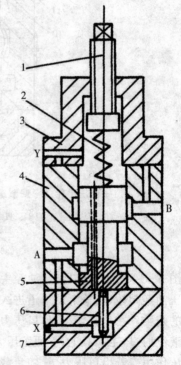

1—调压螺钉;2—弹簧;3—上盖;4—阀体;
5—阀心;6—控制活塞;7—下盖
图 6-20 直动型顺序阀

的开启压力可以用调压螺钉 1 来调节。在此阀中,控制活塞的直径很小,因而阀心受到的向上推力不大,所用的平衡弹簧就不需太硬,这样,可以使阀在较高的压力下工作。

在顺序阀结构中,当控制液压油直接引自进油口时,这种控制方式称为内控;若控制液压油不是来自进油口,而是从外部油路引入,这种控制方式则称为外控;当阀的泄油从泄油口流回油箱时,这种泄油方式称为外泄;当阀用于出口接油箱的场合,泄油可经内部通道进入阀的出油口,以简化管路连接,这种泄油方式则称为内泄。顺序阀与不同控制、泄油方式的图形符号如图 6-21 所示。实际应用中,不同的控制、泄油方式可通过变换阀的下盖或上盖的安装方位来获得。

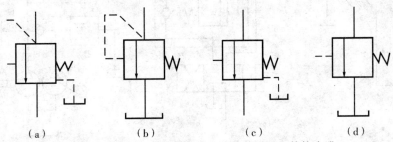

(a)内控外泄;(b)内控内泄;(c)外控外泄;(d)外控内泄

图 6-21　顺序阀的四种控制、泄油型式

现将顺序阀的特点归纳如下:

(1)内控外泄顺序阀与溢流阀的相同点是阀口常闭,由进口压力控制阀口的开启。它们之间的区别是内控外泄顺序阀靠出口液压油来工作,当因负载建立的出口压力高于阀的调定压力时,阀的进口压力等于出口压力,作用在阀心上的液压力大于弹簧力和液动力,阀口全开;当负载所建立的出口压力低于阀的调定压力时,阀的进口压力等于调定压力,作用在阀心上的液压力、弹簧力、液动力保持平衡,阀开口的大小一定,满足压力流量方程。因阀的出口压力不等于 0,故弹簧腔的泄漏油需单独引回油箱。

(2)内控内泄顺序阀的图形符号和动作原理与溢流阀相同,但实际使用时,内控内泄顺序阀串联在液压系统的回油路中使回油具有一定的压力,而溢流阀则旁接在主油路中,如泵的出口、液压缸的进口。因为它们在性能要求上存在一定的差异,所以二者不能混用。

(3)外控内泄顺序阀在功能上等同与液动二位二通阀,其出口接回油箱,因作用在阀心上的液压力为外力,而且大于阀心的弹簧力,因此工作时阀口处于全开状态,用于双泵供油回路时可使大泵卸载。

(4)外控外泄顺序阀除可作为液动开关阀外,还可用于变重力负载系统中,称之为限速锁。

2. 顺序阀的应用

(1)顺序动作如图 6-22(a)所示,若要求 A 缸先动作,B 缸后动作,则通过顺序阀的控制可以实现这一过程。顺序阀在 A 缸进行动作时处于关闭状态,当 A 缸到位后,油液压力升高,达到顺序阀的调定压力后,打开通向 B 缸的油路,从而实现 B 缸的动作。

(2)平衡阀为了保持垂直放置的液压缸不因自重而自行下落,可将单向阀与顺序阀并联构成的单向顺序阀接入油路,如图 6-22(b)所示。此单向顺序阀又称为平衡阀。这里,顺序阀的开启压力要足以支撑运动部件的自重。当换向阀处于中位时,液压缸即可悬停。

(3)双泵供油回路使大泵卸载　如图 6-22(c)所示,泵 1 为大流量泵,泵 2 为小流量泵,两泵并联。在液压缸快速进退阶段,泵 1 输出的油经单向阀后与泵 2 输出的油汇合在一起流往液压缸,使缸获得快速;当液压缸转变为慢速工进时,缸的进油路压力升高,外控式顺序阀 3 被打开,泵 1 即开始卸荷,由泵 2 单独向系统供油以满足工进时所需的流量要求。

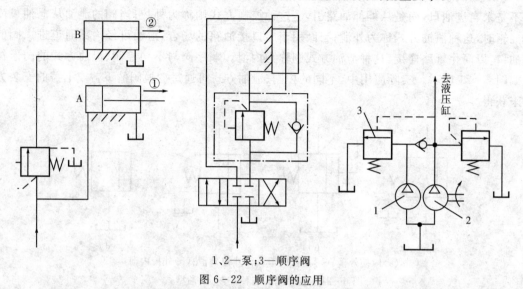

1、2—泵;3—顺序阀

图 6-22　顺序阀的应用

(a)用于控制顺序动作;(b)用于组成平衡阀;(c)用于使泵卸荷

3. 溢流阀、减压阀和顺序阀的区别

表 6-5　溢流阀、减压阀和顺序阀的区别

溢流	减压	顺序
阀口常闭(箭头错开)	阀口常开(箭头连通)	阀口常闭(箭头错开)
控制油来自进油口	控制油来自出油口	控制油来自进油口
出口通油箱	出口通系统	出口通系统
进口压力 P_1 基本稳定	出口压力 P_2	无稳压要求,只起通断作用
采用内泄	采用外泄	采用外泄
在系统中起定压溢流或安全作用	在系统中起减压和稳压作用	在系统中是一个压力控制开关

6.3.4　压力继电器

压力继电器是一种将油液的压力信号转换成电信号的电液控制元件,当油液压力达到压力继电器的调定压力时,即发出电信号,以控制电磁铁、电磁离合器、继电器等元件动作,或关闭电动机,使系统停止工作,起安全保护作用等。

压力继电器按结构特点可分为柱塞式、弹簧管式和膜片式等。

1. 压力继电器的结构和工作原理

膜片式压力继电器结构原理分析:如图 6-23 所示,当进口 K 的压力达到弹簧 7 的调定值时,膜片 1 在液压力的作用下产生中凸变形,使柱塞 2 向上移动。柱塞上的圆锥面使钢球 5 和 6 作径向移动,钢球 6 推动杠杆 10 绕销轴 9 逆时针偏转,致使其端部压下微动开关 11,发出电信号,接通或断开某一电路。当进口压力因漏油或其它原因下降到一定值时,弹簧 7 使柱塞 2 下移,钢球 5 和 6 回落到柱塞的锥面槽内,微动开关 11 复位,切断电信号,并将杠杆 10 推回,断开或接通电路。

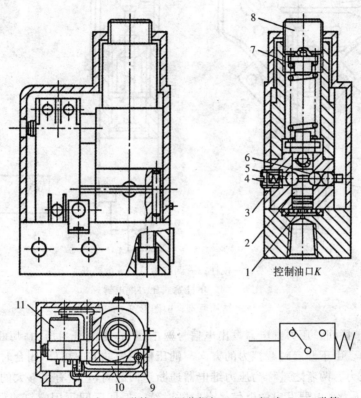

1—膜片;2—柱塞;3—弹簧;4—调节螺钉;5、6—钢球;7—二弹簧;
8—调压螺钉;9—销轴;10—杠杆;11—微动开关
图 6-23　膜片式压力继电器

膜片式压力继电器的优点是膜片位移小、反应快、重复精度高。其缺点是易受压力波动的影响,不宜用于高压系统,常用于中、低压液压系统中。高压系统中常使用单触点柱塞式压力继电器。

单柱塞式压力继电器结构原理分析:

如图 6-24 所示为单柱塞式压力继电器的工作原理。液压油从油口 P 通入后作用在柱塞 1 的底部,若其压力已达到弹簧的调定值,它便克服弹簧的阻力和柱塞表面的摩擦力推动柱塞上升,通过顶杆 2 触动微动开关 4 发出电信号。

性能指标:

(1)调压范围　即压力继电器发出电信号的最低压力和最高压力之间的范围称为调压范围。打开面盖,拧动调压螺钉 8 即可调整其工作压力。

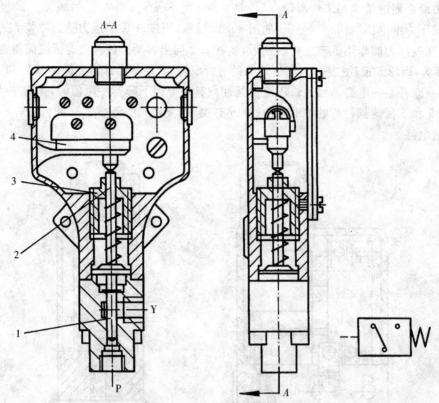

1—柱塞；2—顶杆；3—调节螺钉；4—微动开关

图 6-24　单柱塞式压力继电器

(a)结构原理；(b)图形符号

（2）通断调节区间。压力继电器发出电信号时的压力，称为开启压力；切断电信号时的压力称为闭合压力。由于开启时摩擦力的方向与油压作用力的方向相反，闭合时则相同，故开启压力大于闭合压力。两者之差称为压力继电器通断返回区间，它应有足够大的数值。否则，系统压力脉动时，压力继电器发出的电信号会时断时续。返回区间可用螺钉 4 调节弹簧 3 对钢球 6 的压力来调整。如中压系统中使用的压力继电器返回区间一般为 0.35～0.8 MPa。

2.压力继电器的应用

（1）实现保压—卸荷。如图 6-25(a)所示，当 1YA 通电时，液压泵向蓄能器和夹紧缸左腔供油，活塞向右移动，当夹头接触工件时，液压缸左腔油压开始上升，当达到压力继电器的开启压力时，表示工件已被夹紧，蓄能器已储备了足够的压力油，这时压力继电器发出信号，使 3YA 通电，控制溢流阀使泵卸荷。如果液压缸有泄漏，油压下降则可由蓄能器补油保压。当系统压力下降到压力继电器的闭合压力时，压力继电器自动复位，使 3YA 断电，液压泵重新向液压缸和蓄能器供油。该回路用于夹紧工件持续时间较长，可明显地减少功率损耗。

（2）实现顺序动作

如图 6-25(b)所示，当图中电磁铁左位工作时，液压缸左腔进油，活塞右移实现慢速工进；当活塞行至终点停止时，缸左腔油压升高，当油压达到压力继电器的开启压力时，压力继电器发出电信号，使换向阀右端电磁铁通电，换向阀右位工作。这时压力油进入缸右腔，左腔经单向阀回油，活塞快速向左退回，实现了由工进到快退的转换。

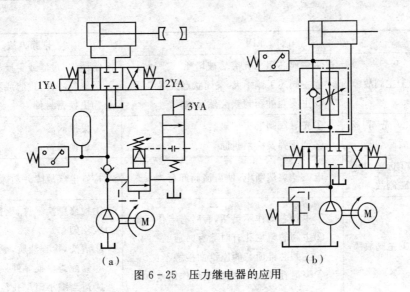

图 6-25 压力继电器的应用

6.3.5 各类压力控制阀常见故障和排除方法

1. 溢流阀常见故障和排除方法

溢流阀在使用中的主要故障有压力波动不稳定、压力调整无效、振动与噪声等,一般采取更换、或清洗、或疏通、或研配等针对性修理方法来进行解决。溢流阀常见故障的主要原因及排除方法见表 6-6。

表 6-6 溢流阀常见故障的主要原因及排除方法

故障现象	故障原因		排除方法
无压力	①主阀故障	①主阀芯阻尼孔堵塞(装配时主阀芯未清洗干净,油液过脏) ②主阀芯在开启位置卡死(如零件精度低,装配质量差,油液过脏) ③主阀芯复位弹簧折断或弯曲,使主阀芯不能复位	①清洗阻尼孔使之畅通;过滤或更换油液 ②检修装配;阀盖紧固螺钉拧紧力要均匀;过滤或更换油液 ③更换弹簧
	②先导阀故障	①调压弹簧折断/未装 ②锥阀或钢球未装 ③锥阀损坏	①更换弹簧 ②补装弹簧或钢球 ③更换锥阀
	③远腔口故障	①电磁阀未通电常开 ②铁芯卡死	①检查电气线路接通电源 ②检修、更换
	④装错	进出油口安装错误	纠正
压力突然升高	①主阀故障	主阀芯工作不灵,在关闭状态突然卡死	检修更换零件,过滤或更换油液
	②先导阀故障	①先导阀阀芯与阀座结合面突然粘住 ②调压弹簧弯曲造成卡滞	①清洗修配或更换油液 ②更换弹簧

95

故障现象	故障原因		排除方法
压力突然升高	①主阀故障	①主阀芯阻尼孔突然被堵死 ②主阀芯工作不灵,关闭状态突然卡死 ③主阀盖处密封垫突然破损	①清洗,过滤或更换油液 ②修复零件,过滤或更换油液 ③更换密封件
	②先导阀故障	①先导阀阀芯突然破裂 ②调压弹簧突然折断	①更换阀芯 ②更换弹簧
	③远腔口电磁阀故障	电磁铁突然断电,使溢流阀卸荷	检查电气故障并消除
	①主阀故障	①主阀芯动作不灵活,有时有卡住现象 ②主阀芯阻尼孔有时堵有时通 ③主阀芯锥面与阀座锥面接触不良 ④阻尼孔径太大,造成阻尼作用差	①检修更换零件,压盖螺钉拧紧力应均匀 ②清洗,检查油质,更换油液 ③修配或更换零件 ④适当缩小阻尼孔径
	②先导阀故障	①调压弹簧弯曲 ②锥阀与锥阀座接触不良 ③调压螺钉松动使压力变动	①更换弹簧 ②修配或更换零件 ③调压后应把锁紧螺母锁紧
	①主阀故障	主阀芯在工作时径向力不平衡	检查零件精度,更换零件
	②先导阀故障	①锥阀与阀座接触不良,造成调压弹簧受力不平衡,锥阀振荡产生尖叫声 ②调压弹簧轴心线与端面不够垂直,调压弹簧在定位杆上偏向一侧 ③装配时阀座装偏 ④调压弹簧侧向弯曲	①提高锥阀精度 ②更换弹簧 ③提高装配质量 ④更换弹簧
	③存在空气	泵吸入空气或系统存在空气	排除空气
	④阀使用不当	通过流量超过允许值	在额定流量范围内使用
	⑤回油不畅	回油管路阻力过高或回油过滤器堵塞或回油管贴近油箱底面	适当增大管径,减少弯头,回油管口应离油箱底面二倍管径以上,更换滤芯
	⑥远控口管径选择不当	远控口至电磁阀之间的管子通径过大	一般管径取 6 mm 较适宜

2. 减压阀常见故障和排除方法

减压阀在使用中的主要故障有不起减压作用和二次压力不稳定等,减压阀常见故障的主要原因及排除方法见表 6 - 7。

表 6-7　减压阀常见故障的主要原因及排除方法

故障现象	故障原因		排除方法
无二次压力	①主阀故障	①主阀芯在全闭位置卡死 ②主阀弹簧折断,弯曲变形 ③阻尼孔堵塞	①修理、更换零件 ②修理、更换弹簧 ③检修,过滤或更换油液
	②无油源	未向减压阀供油	检查油路消除故障
不起减压作用	①使用错误	泄油通道堵塞、不通	清洗或重新布置泄油管单
	②主阀故障	主阀芯在全开位置时卡死	修理、更换零件/检查油质,更换油液
	③锥阀故障	调压弹簧太硬,弯曲并卡住	更换弹簧
二次压力不稳定	主阀故障	①主阀芯与阀体几何精度差 ②弹簧太弱,变形或将主阀芯卡住 ③阻尼孔时堵时通	①检修,使其动作灵活 ②更换弹簧 ③清洗阻尼孔
二次压力升不高	①外泄漏	①顶盖结合面漏油:密封件老化失效,螺钉松动或拧紧力矩不均 ②各丝堵处有漏油	①更换密封件,紧固螺钉,并保证力矩均匀 ②紧固并消除外漏
	②锥阀故障	①锥阀与阀座接触不良 ②调压弹簧太弱	①修理或更换零件 ②更换弹簧

3. 顺序阀常见故障和排除方法

顺序阀在使用中的主要故障是出油腔压力和进油腔压力总是同时上升或同时下降、出口腔无油流。顺序阀阀常见故障的主要原因及排除方法见表 6-8。

表 6-8　顺序阀常见故障的主要原因及排除方法

故障现象	故障原因	排除方法
始终出油,不起顺序阀作用	①阀芯在打开位置上卡死 ②单向阀在打开位置上卡死或密封不良 ③调压弹簧断裂或漏装 ④未装锥阀或钢球	①修理,使配合间隙达到要求,并使阀芯移动灵活;检查油质,过滤或更换;更换弹簧 ②修理,使单向阀的密封良好 ③更换/补装弹簧 ④补装锥阀及钢球
始终不出油,不起顺序阀作用	①阀芯在关闭位置上卡死 ②控制油液流动不畅通 ③远控压力不足,或下端盖结合处漏油严重 ④通向调压阀油路上的阻尼孔被堵死 ⑤泄油管道中背压太高,使滑阀不能移动 ⑥调节弹簧太硬,或压力调得太高	①修理,使滑阀移动灵活,更换弹簧;过滤或更换油液 ②清洗或更换管道,过滤或更换油液 ③提高控制压力,拧紧端盖螺钉并使之受力均匀 ④清洗 ⑤泄油管道不能接在回油管道上,应单独接回油箱 ⑥更换弹簧,适当调整压力

续表

故障现象	故障原因	排除方法
调定压力值不符合要求	①调压弹簧调整不当 ②调压弹簧侧向变形 ③滑阀卡死	①重新调整所需要的压力 ②更换弹簧 ③检查滑阀的配合间隙,修配,使滑阀移动灵活;过滤或更换油液
振动与噪声	①回油阻力(背压太高) ②油温过高	①降低回油阻力 ②控制油温在规定范围内
单向顺序阀反向不能回油	单向阀卡死	检修单向阀

4.压力继电器(压力开关)常见故障和排除方法,见下表6-9。

表6-9 压力继电器常见故障和排除方法

故障现象	故障原因	排除方法
无输出信号	①微动开关损坏 ②电气线路故障 ③阀芯卡死或阻尼孔堵死 ④进油管路弯曲、变形,油液流动不畅通 ⑤调节弹簧太硬或压力调得过高 ⑥与微动开关相接的触头未调整好 ⑦弹簧和顶杆装配不良,有卡滞现象	①更换微动开关 ②检查原因,排除故障 ③清洗,修配,达到要求 ④更换管子,使油液流动畅通 ⑤更换弹簧或按要求调节压力值 ⑥精心调整,使触头接触良好 ⑦重新装配,使动作灵敏
灵敏度太差	①顶杆柱销处摩擦力过大,或钢球与柱塞接触处摩擦过大 ②装配不良,动作不灵活 ③微动开关接触行程太长 ④调整螺钉、顶杆等调节不当 ⑤钢球不圆 ⑥阀芯移动不灵活 ⑦安装不当	①重新装配,使动作灵敏 ②合理调整位置 ③合理调整位置 ④合理调整螺钉和顶杆位置 ⑤更换钢球 ⑥清洗、修理,达到灵活 ⑦改为垂直或水平安装
发信号太快	①阻尼孔过大 ②膜片碎裂 ③系统冲击压力太大 ④电气系统设计有误	①阻尼孔适当改小,或在控制管路上增设阻尼管(蛇形管) ②更换膜片 ③在控制管路上增设阻尼管,以减弱冲击压力 ④按工艺要求设计电气系统

6.4 流量控制阀

流量控制阀是用来控制液压系统中油液的流量,以满足执行元件调速的要求,简称流量阀。流量控制阀可通过改变阀口通流面积或通流通道长短来调节其流量,以控制执行元件的运动速度的液压元件,通常与溢流阀并联使用。常用的流量控制阀有节流阀、调速阀两种。

对流量控制阀的主要要求是①足够的流量调节范围;②能保证的最小稳定流量小;③温度与压力对流量的影响小及调节方便等。

6.4.1 节流口形式及流量特性

1. 节流口形式

流量控制阀的节流口形式有多种。图 6 - 26 是几种常用的节流口结构形式:

图(a)为针阀式节流孔口,针阀移动,则可改变环状通流面积,从而调节流量。其特点是结构简单,但水力直径较小,流量不稳定,易堵塞,一般用于对节流性能要求不高的场合。

图(b)为偏心式节流孔口,在阀芯上开有一个截面为三角形(或矩形)的偏心槽,转动阀芯就可改变通流面积。它结构简单,节流孔口通流截面呈三角形,水力直径较大,可得到较小的稳定流量。阀芯承受径向不平衡力,适用于压力较低的场合。

图(c)为轴向三角槽式节流孔口,阀芯作轴向移动就可调节通流面积。它结构简单,节流孔口通流截面呈三角形,水力直径较大,可得到较小的稳定流量。L 型节流阀和 Q 型调速阀采用这种节流孔口。

图(d)为周向缝隙式节流孔口,阀芯沿圆周开有一段窄缝,旋转阀芯就可改变通流面积。阀芯承受径向不平衡力,适用于低压场合。

图(e)为轴向缝隙式节流孔口,在套筒上开有轴向缝隙,阀芯作轴向移动就可改变通流面积。节流孔口是薄刃式,是典型的薄壁小孔,有较大水力直径,适用于性能要求较高的场合,但结构较复杂,工艺性较差。

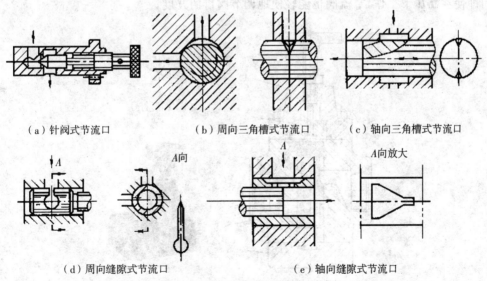

（a）针阀式节流口 （b）周向三角槽式节流口 （c）轴向三角槽式节流口

（d）周向缝隙式节流口 （e）轴向缝隙式节流口

图 6 - 26 典型节流口的结构形式

2. 节流口的流量特性

节流阀节流口通常有三种基本形式:薄壁小孔、细长小孔和厚壁小孔,但无论节流口采用何种形式,通过节流口的流量 q 及其前后压力差 Δp 的关系均可用下式表示:

$$q = KA\Delta p^m$$

三种节流口的流量特性曲线如图 6-27 所示。

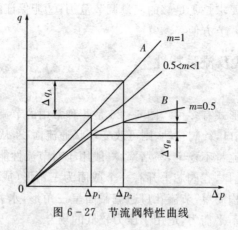

图 6-27　节流阀特性曲线

6.4.2　节流阀

1. 节流阀结构及工作原理

如图 6-28 所示,液压油从进油口 A 流入,经节流口从出油口 B 流出。节流口所在阀芯锥部通常开有两个或四个三角槽。调节手轮,使进、出油口之间通流面积发生变化,即可调节流量。弹簧用于顶紧阀心,以保持阀口开度不变。这种阀口的调节范围大,流量与阀口前后的压力差成线性关系,有较小的稳定流量,但流道有一定长度,流量易受温度影响。进口油液通过弹簧腔径向小孔和阀体上斜孔同时作用在阀心的上下两端,使阀心两端液压力保持平衡。因此,即使在高压下工作,节流阀也能轻便地调节阀口的开度。

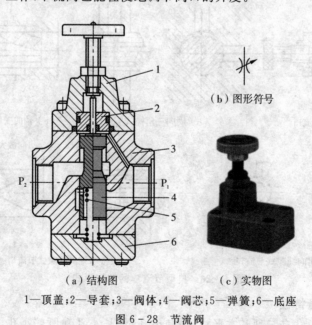

（a）结构图　　　　　　　　　（c）实物图

1—顶盖;2—导套;3—阀体;4—阀芯;5—弹簧;6—底座

图 6-28　节流阀

2. 节流阀的流量特性

节流阀的输出流量与节流口的结构形式有关,实用的节流口都介于理想薄壁孔和细长孔之间,故其流量特性可用小孔流量通用公式 $q_V = CA_T \Delta p^\varphi$ 来描述,其流量特性曲线如图 6 - 29 所示。

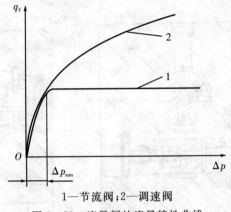

1—节流阀;2—调速阀

图 6 - 29　流量阀的流量特性曲线

我们希望节流阀的阀口面积 A_T 一经调定,通过流量 q_V 即不再发生变化,以使执行元件的速度保持稳定,但实际上是做不到的,其主要原因是:液压系统负载一般情况下不为定值,负载变化后,执行元件的工作压力也随之变化;与执行元件相连的节流阀,其前后压力差 Δp 发生变化后,流量也就随之变化。另外,油温变化时引起油的粘度发生变化,小孔流量通用公式中的系数 C 值就发生变化,从而使流量发生变化。

3. 最小稳定流量

实验表明,当节流阀在小开口面积下工作时,虽然阀的前后压力差 Δp 和油液粘度 μ 均保持不变,但流经阀的流量 q_V 会出现时多时少的周期性脉动现象,随着开口的逐渐减小,流量脉动变化加剧,甚至出现间歇式断流,使节流阀完全丧失工作能力。上述这种现象称为节流阀的堵塞现象。造成堵塞现象的主要原因是由油液中的污物堵塞节流口造成的,即污物时堵时而冲走而造成流量脉动变化;另一个原因是油液中的极化分子和金属表面的吸附作用导致节流缝隙表面形成吸附层,使节流口的大小和形状发生改变。

节流阀的堵塞现象使节流阀在很小流量下工作时流量不稳定,以致执行元件出现爬行现象。因此,对节流阀应有一个能正常工作的最小流量限制。这个限制值称为节流阀的最小稳定流量,用于系统则限制了执行元件的最低稳定速度。

6.4.3　调速阀

1. 调速阀的工作原理

调速阀是由定差减压阀与节流阀串联而成的组合阀,结构如图 6 - 30 所示。节流阀手调节通过的流量,定差减压阀则自动补偿负载变化的影响,使节流阀前后的压力差为定值以消除负载变化对流量的影响。如图 6 - 31 所示,定差减压阀 1 与节流阀 2 串联,定差减压阀左右两腔也分别与节流阀前后端沟通。设定差减压阀的进口压力为 p_1,油液经减压后的出口压力为 p_2,通过节流阀又降至 p_3 后进入液压缸。p_3 的大小由液压缸的负载 F 决定。负载 F 变化,则 p_3 和调速阀两端压力差($p_1 - p_3$)随之变化,但节流阀两端压力差($p_2 - p_3$)却保持不变。例如:F 增大使 p_3 增大,减压阀阀心弹簧腔的液压作用力也增大,阀心左移,减压口开度增大,减压作用减小,使 p_2 有所增加,结果压力差($p_2 - p_3$)保持不变;反之亦然。通过调速阀的流量因

101

此就保持恒定不变了。在调速阀阀体中,减压阀和节流阀一般为相互垂直安置。节流阀部分设有流量调节手轮,而减压阀部分可能附有行程限位器。

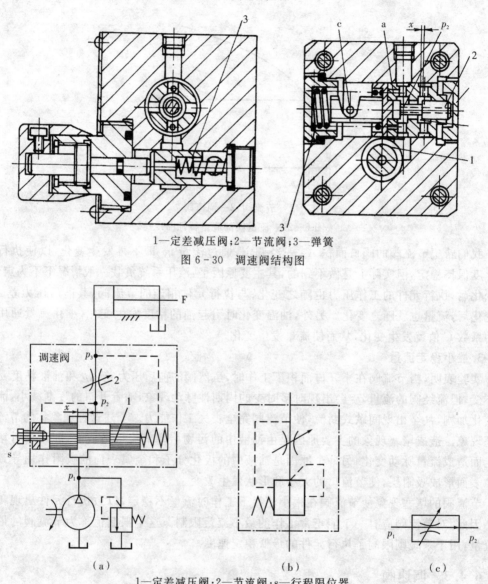

1—定差减压阀;2—节流阀;3—弹簧

图 6-30 调速阀结构图

1—定差减压阀;2—节流阀;s—行程限位器

图 6-31 调速阀的工作原理和符号

(a)工作原理;(b)职能符号;(c)简化的职能符号

2. 调速阀的流量特性

在调速阀中,节流阀既是一个调节元件,又是一个检测元件。当阀的开口面积确定之后,它一方面能够控制流量的大小,一方面用于检测流量信号并将其转换为阀口前、后压力差,再反馈作用到定差减压阀阀心的两端与弹簧力相比较。当检测的压力差值偏离预定值时,定差减压阀阀心产生相应的位移,改变减压缝隙的大小以进行压力补偿,进而保证节流阀前后压力差基本保持不变。然而,定差减压阀阀心的位移势必引起弹簧力和液动力的波动,因此,节流阀前、后压力差只能是基本不变,即流经调速阀的流量基本稳定。

　　调速阀的流量特性曲线如图 6-29 所示。由图可见,当调速阀前、后两端的压力差超过最小值 $\Delta p_{\min}$ 以后,流量是稳定的。而在 $\Delta p_{\min}$ 以内,流量随压力差的变化而变化,其变化规律与节流阀相一致。这是因为当调速阀的压差过低时,将导致其内的定差减压阀阀口全部打开,减压阀处于非工作状态,只剩下节流阀在起作用,故此段曲线和节流阀曲线基本一致。

3. 流量控制阀常见故障和排除方法

　　流量阀在使用中的常见故障是流量调整失灵、流量不稳定、压力补偿装置失灵、内泄漏量增大等。流量阀常见故障原因及排除方法见表 6-10。

表 6-10　流量阀常见故障原因及排除方法

故障现象	故障原因		排除方法
调整节流阀手柄无流量变化	①压力补偿阀不工作	压力补偿阀芯在关闭位置上卡死	检查修配间隙;更换弹簧
	②节流阀故障	①油液过脏,节流口堵死 ②手柄与节流阀芯装配不当 ③节流阀阀芯无连接 ④节流阀阀芯配合间隙过小或变形 ⑤调节杆螺纹被堵	①检查油质,过滤油液 ②检查原因,重新装配 ③更换键或补装键 ④清洗,修配间隙或更换零件 ⑤拆开清洗
	③系统未供油	换向阀阀芯未换向	检查原因并消除
执行元件运动速度不稳定(流量不稳定)	①压力补偿阀故障	①压力补偿阀阀芯工作不灵敏 ②压力补偿阀阀芯在全开位置上卡死	①检查修配间隙;更换弹簧;移动灵活 ②清洗阻尼孔,油液过脏应更换
	②节流阀故障	①节流口处积有污物,时堵时通 ②外载荷变化引起流量变化	①清洗检查油质,过滤或更换 ②对外载荷变化大的或要求执行元件运动速度非常平稳的系统,应改用调速阀
	③油液品质劣化	①油温过高 ②温度补偿杆性能差 ③油液过脏	①检查原因,降温 ②更换温度补偿杆 ③清洗,检查油质,不合格的应更换
	④单向阀故障	单向阀的密封不良	研磨单向阀,提高密封性
	⑤振动	①系统中有空气 ②调定位置发生变化	①应将空气排净 ②调整后用锁紧装置锁住
	⑥泄漏	内泄和外泄使流量不稳定	消除泄漏,或更换元件

6.5　插装阀与叠加阀

1. 插装阀

　　插装阀又称为逻辑阀,是一种较新型的液压元件,它的特点是通流能力大,密封性能好,动作灵敏、结构简单,因而主要用于流量较大的系统或对密封性能要求较高的系统。

如图 6-32 所示为插装阀的结构及图形符号。它由控制盖扳、插装单元(阀套、弹簧、阀芯及密封件)、插装块体和先导控制阀(如先导阀为二位三通电磁换向阀,如图 6-32 所示)组成。由于这种阀的插装单元在回路中主要起通、断作用,故又称二通插装阀。二通插装阀的工作原理相当于一个液控单向阀。图 6-32 中 A 和 B 为主油路中仅有的两个工作油口,K 为控制油口(与先导阀相接)。当 K 口无液压力作用时,阀芯受到的向上的液压力大于弹簧力,阀芯开启,A 与 B 相通,至于液流的方向,视 A、B 口压力的大小而定。反之,当 K 口有液压力作用时,且 K 口的油液压力大于 A 和 B 口的油液压力,才能保证 A 和 B 之间处于关闭状态。

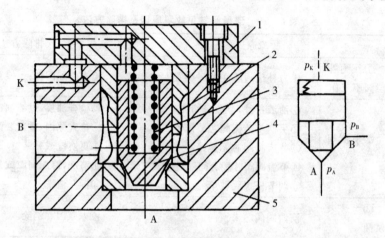

1—控制盖板;2—阀套;3—弹簧;4—阀心;5—插装块体

图 6-32　插装阀

(a)基本结构;(b)图形符号

插装阀通过与各先导阀组合,便可组成方向控制阀、压力控制阀和流量控制阀。

(1)方向控制插装阀　插装阀可以组成各种方向控制阀,如图 6-33 所示。图 6-33(a)为单向阀,当 $p_A > p_B$ 时,阀芯关闭,A 与 B 不通;而当 $p_B > p_A$ 时,阀芯开启,油液从 B 流向 A。图 6-33(b)为二位二通阀,当二位三通电磁阀断电时,阀芯开启,A 与 B 接通;电磁阀通电时,阀芯关闭,A 与 B 不通。图 6-33(c)为三位三通阀,当二位四通电磁阀断电时,A 与 T 接通;电磁阀通电时,A 与 P 接通。图 6-25(d)为二位四通阀,电磁阀断电时,P 与 B 接通,A 与 T 接通;电磁阀通电时,A 与 P 接通,B 与 T 接通。

(2)压力控制插装阀　插装阀可以组成压力控制阀,如图 6-34 所示,在图 6-34(a)中,如 B 接邮箱,则插装阀用作溢流阀,其原理与先导式溢流阀相同;如接负载,则插装阀起顺序阀的作用。图 6-34(b)所示为电磁溢流阀,当二位二通电磁阀通电时起卸荷作用。

(3)流量控制插装阀　二通插装阀的结构及图形符号如图 6-32 所示。在插装阀的控制盖板上有阀芯限位器,用来调节阀心的开度,从而起到流量控制阀的作用。若在二通插装阀前串联一个定差减压阀,则可组成二通插装调速阀。

2. 叠加阀

叠加式液压阀简称叠加阀,是在板式液压阀集成化基础上发展起来的一种新型的控制元件。每个叠加阀不仅起控制阀的作用,而且还起连接块和通道的作用。每个叠加的阀体均有上下两个安装平面和四到五个公共通道,每个叠加阀的进出油口与公共通道并联或串联,同一

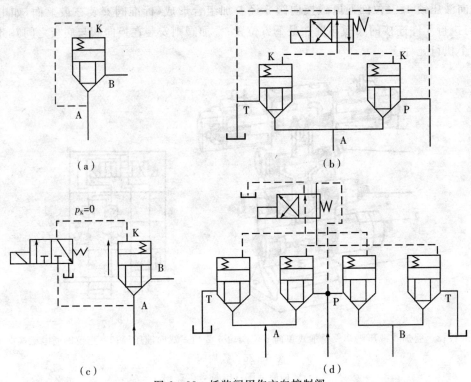

图6-33　插装阀用作方向控制阀

(a)单向阀;(b)二位二通阀;(c)二位三通阀;(d)二位四通阀

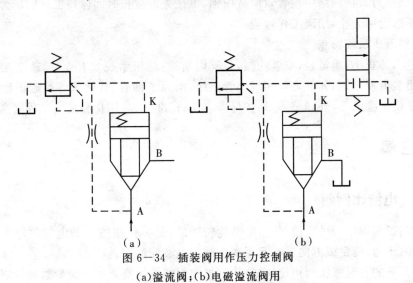

图6-34　插装阀用作压力控制阀

(a)溢流阀;(b)电磁溢流阀用

通径的叠加阀的上下安装面的油口相对位置与标准的板式液压阀的油口位置相一致。

叠加阀也可分为换向阀、压力阀和流量阀三种,只是方向阀中仅有单向阀类,而换向阀采用标准的板式换向阀。

如图6-35所示为一组叠加阀的结构和图形符号图。

图6-35所示为单路叠加阀液压回路,由底板1、叠加式减压阀、叠加式单向节流阀3、叠

加式双向液压锁4、三位四通电磁换向阀5经叠加组合形成(标准阀安装在最上面,如电磁换向阀;与执行元件连接的底板布置在最下方位置;叠加阀则安装在换向阀与底板之间);此阀只控制一个执行元件。

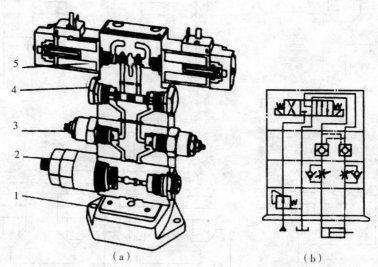

(a)   (b)

1—底板;2—叠加式减压阀;3—叠加式单向节流阀;4—叠加式双向液压锁;5—三位四通电磁换向阀

图6-35　叠加阀

(a)结构原理图;(b)符号原理图

工作原理:利用减压阀的减压作用将主油路送入的压力油经减压后送入夹紧缸,为执行元件的工作提供压力。在回路中设置双向液压锁,可让夹紧缸长时间保持工件的能力,直到换向阀换向,液压缸退回为止,结束工作过程。

3.叠加阀液压系统特点

结构紧凑,体积小,重量轻,安装简便,装配周期短;液压系统如有变化,改变工况,需要增减元件时,组装方便迅速;元件之间实现无管连接,消除了油管、管接头等引起的泄漏、振动和噪声;整个系统配置灵活,外观整齐,维护保养容易;标准化、通用化和集成化程度高。

6.6　其它阀

6.6.1　电液比例阀

电液比例控制阀是一种廉价、抗污染性能较好的,是一种按输入的电气信号连续地、按比例地对油液的压力、流量或方向进行远距离控制的电液控制阀。

与手动调节的普通液压阀相比,电液比例控制阀能够提高液压系统参数的控制水平;与电液伺服阀相比,电液比例控制阀在某些性能方向稍差一些,但它结构简单、成本低,所以它广泛应用于要求对液压参数进行连续控制或程序控制,但对控制精度和动态特性要求不太高的液压系统中。

电液比例控制阀的构成,从原理上相当于在普通液压阀装上一个电气—机械转换器(如比例电磁铁、动圈式力马达、力矩马达、伺服电机及步进电机等)以代替原有的控制(驱动)部分。根据功能不同,电液比例控制阀可以分为电液比例压力阀、电液比例流量阀、电液比例方向阀及复合功能阀等。根据控制参数的数量,电液比例控制阀可分为单参数控制阀(比例压力阀、比例流量阀)和多参数控制阀(比例方向阀、比例复合阀)。

6.6.2　比例电磁铁

比例电磁铁是一种直流电磁铁,与普通换向阀用电磁铁的不同在于比例电磁铁的输出推力与输入的线圈电流基本成比例。这一特性使比例电磁铁可作为液压阀中的信号给定元件。

普通电磁换向阀所用的电磁铁只要求有吸合和断开两个位置,在吸合时磁路中几乎没有气隙(为了增加吸力)。而比例电磁铁则要求吸力(或位移)和输入电流成比例,并在衔铁的全部工作位置上,磁路中保持一定的气隙。

按比例电磁铁输出位移的形式有单向移动式和双向移动式。图 6-36 为单向移动式比例电磁铁的结构。线圈 2 在复电后形成的磁路经壳体 5、导向套 12 的右段、衔铁 10 后,分成两路:其中一路是由导向套 12 左段的锥端到轭铁 1 产生斜面吸力,另一路直接由衔铁 10 的左端面到轭铁 1 产生表面吸力,其合力为比例电磁铁的输出力。其特性如图(c)所示,吸力特性可分为三个区段,在气隙很小的区段Ⅰ,吸力虽大,但随位置改变而急剧变化;气隙较大的区段Ⅲ,吸力明显下降,在区段Ⅱ是比例电磁铁的工作区段(限位环 3 防止衔铁进入区段Ⅰ)。

在工作区段内具有基本水平的位移-力特性,此时改变线圈中的电流,则在衔铁上得到与其成比例的吸力。

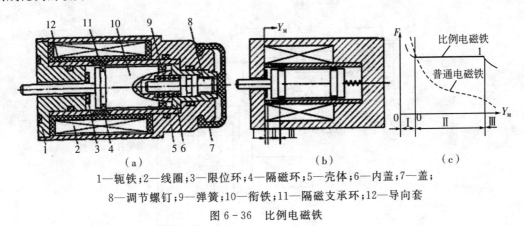

1—轭铁;2—线圈;3—限位环;4—隔磁环;5—壳体;6—内盖;7—盖;
8—调节螺钉;9—弹簧;10—衔铁;11—隔磁支承环;12—导向套

图 6-36　比例电磁铁

6.6.3　电液比例压力阀

用比例电磁铁取代先导型溢流阀导阀的手调装置(调压手柄),便成为先导型比例溢流阀,如图 6-37 所示。

该阀下部与普通溢流阀的主阀相同,上部则为比例先导压力阀。该阀还附有一个手动调整的安全阀(先导阀)9,用于限制比例溢流阀的最高压力,以避免因电子仪器发生故障使得控制电流过大,压力超过系统允许最大压力的可能性。比例电磁铁的推杆向先导阀心施加推力,该推力作为先导级压力负反馈的指令信号。随着输入电信号强度的变化,比例电磁铁的电磁力将随之变化,从而改变指令力的大小,使锥阀的开启压力随输入信号的变化而变化。如果输入信号连续地、按比例地或按一定程序变化,比例溢流阀所调节的系统压力也连续地、按比例地或按一定的程序进行变化。因此比例溢流阀多用于系统的多级调压或实现连续的压力控制。图 6-38 为先导型比例溢流阀的工作原理简图。

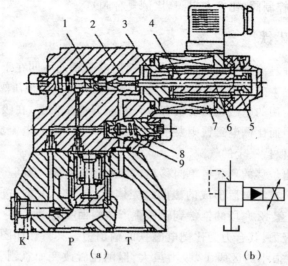

1—阀座；2—先导锥阀；3—轭铁；4—衔铁；5—弹簧；6—推杆；7—线圈；8—弹簧；9—先导阀

图 6-37　比例溢流阀电磁铁

（a）结构图；（b）符号

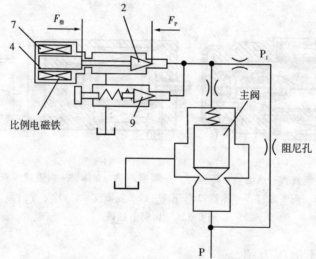

图 6-38　先导型比例溢流阀工作原理简图

6.6.4　电液比例方向阀

电液比例方向阀在控制液流方向的同时，还兼有控制流量的作用，所以又称为电液比例方向流量阀。图 6-39 为压力控制型先导阀和弹簧定位的主阀组合而成的电液比例方向流量阀的结构原理。

其工作是靠先导级阀控制输出的液压力和主阀芯的弹簧力的相互作用来控制液动换向阀的正、反向开口量，进而控制液流的方向和流量。先导阀是一个比例压力型的控制阀。由于在先导阀阀芯内嵌装了小柱塞，当左侧的比例电磁铁通入控制电流时，阀芯右移，使压力油从 P 口流向 b 口，左侧油口的压力油经阀芯上的通道引到阀芯内部，这样阀芯就受到与右侧电磁铁推力相反的液压力的作用,b 口的输出压力就和比例电磁铁的输入电流相对应,作用在主阀芯上控制其位置以实现方向和流量的节流控制。

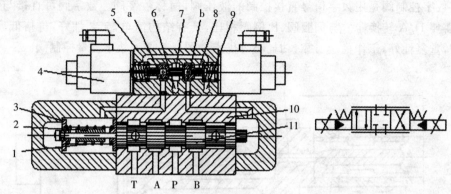

1—对中弹簧;2—套管;3—弹簧座;4—比例电磁铁;5—先导阀体;6—比例减压阀外供油口;
7—先导阀芯;8—反馈活塞;9—比例减压阀回油口;10—主阀体;11—主阀芯

图 6-39 压力控制型电液比例方向阀

6.6.5 比例流量阀

普通电磁比例流量阀就是将流量阀的调节手轮改换成比例电磁铁。图 6-32 为电磁比例调速阀的结构原理图。通过控制比例电磁铁的输入电信号,控制调速阀节流口的开度,进而控制调速阀的控制流量。

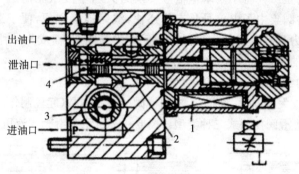

图 6-40 电磁比例调速阀

注意事项

安装比例阀前要详细阅读制造商产品样本等技术资料,详细使用安装条件和注意事项。

比例阀应正确安装在连接底板上,注意不要损坏或漏装密封件,连接板平整、光洁,固定螺栓时用力均匀。

放大器与比例阀配套使用,放大器接线要仔细,不能误接。

油液进入比例阀前,须经过滤精度 20 μm 以下的过滤器过滤,油箱须密封并加空气滤清器,使用前对比例系统要经过充分清洗、过滤。

比例阀的零位、增益调节均设置在放大器上,比例阀工作时,要先启动液压系统,然后施加控制信号。

注意比例阀的泄油口单独回油箱。

6.6.6 电液数字控制阀

电液数字控制阀是用数字信号直接控制的液压阀,简称数字阀。数字阀可直接与计算机接口,不需要 D/A 转换器。与伺服阀、比例阀相比,具有结构简单,工艺性好,价格低廉、抗污染能力强,重复性好,工作稳定可靠,功耗小等优点。图 6-42 为数字流量控制阀。

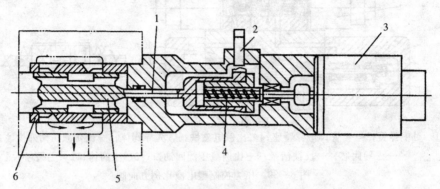

1—连杆;2—传感器;3—步进电机;4—滚珠丝杆;5—阀芯;6—阀套

图 6-41 数字流量阀

6.6.7 伺服控制阀

在液压系统中,伺服控制阀按控制信号有机液伺服阀、电液伺服阀和气液伺服阀等。

电液伺服控制阀是一种将小功率电信号转换为大功率液压能输出,实现对流量和压力控制的转换装置。此类阀集中了电信号具有传递快、线路连接方便,便于遥控,容易检测、反馈、比较、校正和液压动力具有输出力大、惯性小、反应快等优点,而成为一种控制灵活、精度高、快速性好、输出功率大的控制元件。

1. 电液伺服阀的组成

(1)滑阀式液压放大器(简称滑阀) 根据滑阀的控制边数(起控制作用的阀口数)的不同,可分为单边、双边和四边滑阀控制式三种类型。图 6-42 所示为滑阀式液压放大器的结构原理图。

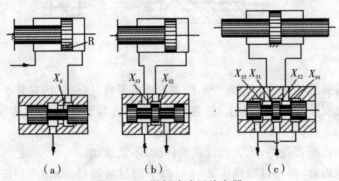

图 6-42 滑阀式液压放大器

图 6-42(a)为单边滑阀,它只有一个控制边(可变节流口),有负载口和回油口共二个通道,故又称为二通伺服阀。由于只有一个负载通道,只能用来控制差动缸。一般情况下使缸的有杆腔与供油腔常通(以产生固定的回程液压力),还必须和一个固定节流孔 R 配合使用,才

能控制无杆腔的油压。当滑阀向左(或向右)移动时,控制边的开口 X_s 增大(或减小),控制了缸中的液压力和流量,从而改变缸的运动速度和方向。

图 6-42(b)为双边滑阀,有两个控制边(可变节流口),它有供油口、回油口和负载口共三个通道,故又称为三通伺服阀。因只有一个负载通道,也只能用来控制差动缸,故应使缸的有杆腔与供油压力常通(形成固定的回程液压力)。压力油经滑阀控制边 X_{S1} 的开口与缸的无杆腔相通,并经 X_{S2} 的开口回油箱。当滑阀向右移动时,X_{S1} 增大,X_{S2} 减少;滑阀向左移动时,X_{S1} 减小,X_{S2} 增大。这样,就控制了液压缸无杆腔的回油阻力,从而改变差动缸的运动速度和方向。

图 6-42(c)为四个控制边的四边滑阀,它有供油口、回油口和两个负载口,共四个通道,故又称为四通伺服阀。因有两个负载通道,故能控制各种液压执行元件。控制边 X_{S1} 和 X_{S2} 是控制压力油进入执行元件左、右油腔的,X_{S3} 和 X_{S4} 是控制左、右油腔通向油箱的。当力矩马达驱动滑阀向右移动时,X_{S1} 和 X_{S4} 增大,X_{S2} 和 X_{S3} 减小;向左移动时,情况相反。因此,它控制了进入执行元件左、右腔的液压力和流量,从而控制了执行元件的运动速度和方向。

(2)喷嘴挡板式放大器　图 6-43 为喷嘴挡板式液压放大器的工作原理。由上半部分的力矩马达和下部分的前置级(喷嘴挡板)和主滑阀组成,挡板和喷嘴之间的距离可以控制,改变其距离,就改变了喷嘴和挡板之间的节流口。当无电信号时,力矩马达无力矩输出,与衔铁 5 固定的挡板 9 处于中位,主滑阀芯处于零位。当 P_s 进入主滑阀阀口,因阀芯两端台肩将阀口关闭,压力油不能进入 A、B 口中,可经固定节流孔 10、13 分别引到喷嘴 7、8,经喷射后流回油箱;此时挡板处于中位,两喷嘴与挡板的间隙相等,其喷嘴前的压力 p_1、p_2 相等,主滑阀芯两端压力相等而处于中位;当线圈输入电流,控制线圈产生磁通,衔铁上产生顺时针方向的磁力矩,让衔铁连同挡板绕弹簧管中的支点顺时针偏转,左喷嘴 8 的间隙减少,右喷嘴 7 的间隙增大,即压力 p_1 增大,p_2 减小,主滑阀阀芯在两端压力差作用下向右运动,开启阀口,P_s-B,$A-T$ 相通。

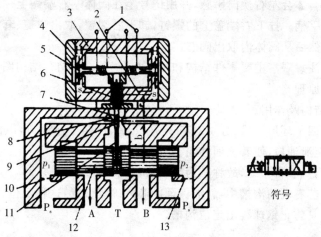

1—线圈;2、3—导磁体;4—永久磁铁;5—衔铁;6—弹簧;7、8—喷嘴;
9—挡板;10、13—固定节流孔;11—反馈弹簧杆;12—主阀芯
图 6-43　喷嘴挡板放大器

在主阀芯向右运动的同时,通过挡板下端的弹簧杆 11 反馈作用,使挡板逆时针方向偏转,左喷嘴 8 的间隙增大,右喷嘴 7 的间隙减小,此时压力 p_2 增大,p_1 减小,主滑阀阀芯向右运动到某一位置时,其左形成的作用力通过反馈弹簧杆作用在挡板上的力矩、喷嘴液流压力作用在

挡板上的力矩及弹簧管的反力矩之和,与力矩马达的电磁力矩相等时,主滑阀阀芯平衡受力平衡,稳定在相应的开口下工作。

 # 章节实训　液压控制阀的拆装

1. 实训目的

在液压系统中,液压控制阀是用来控制系统中液流的压力、流量和方向的元件。通过对常用方向控制阀、压力控制阀和流量控制阀的拆装,应达到以下目的:

(1)了解各类阀的不同用途、控制方式、结构形式、连接方式及性能特点。

(2)掌握各类阀的工作原理(弄懂为使液压控制元件正常工作,其主要零件所起的作用)及调节方法。

(3)初步掌握常用液压控制元件的常见故障及其排除方法,培养学生的实际动手能力和分析问题、解决问题的能力。

2. 实训器材

(1)实物:常用液压控制阀(液压控制阀的种类、型号甚多,建议结合本章的内容,选择典型的方向控制阀、压力控制阀和流量控制阀各 2～3 套)。

(2)工具:内六角扳手 1 套、耐油橡胶板 1 块、油盆 1 个及钳工常用工具 1 套。

3. 实训内容与注意事项

(1)方向控制阀的拆装

以手动换向阀的拆装为例(结构见图 6-7)。

①拆卸顺序。

拆卸前转动手柄,体会左右换向手感,并用记号笔在阀体左右端做上标记。抽掉手柄连接板上的开口销,取下手柄。拧下右端盖上的螺钉,卸下右端盖,取出弹簧、套筒和钢球。松脱左端盖与阀体的连接,然后从阀体内取出阀芯。

在拆卸过程中,注意观察主要零件结构和相互配合关系,并结合结构图和阀表面铭牌上的职能符号,分析换向原理。

②主要零件的结构及作用。

阀体:其内孔有四个环形沟槽,分别对应于 P、T、A、B 四个通油口,纵向小孔的作用是将内部泄漏的油液导至泄油口,使其流回油箱。

手柄:操纵手柄,阀芯将移动,故称其为手动换向阀。

钢球:它落在阀芯右端的沟槽中,就能保证阀芯的确定位置,这种定位方式称钢球定位。

弹簧:它的作用是防止钢球跳出定位沟槽。

③装配要领。

装配前清洗各零件,在阀芯、定位件等零件的配合面上涂润滑液,然后按拆卸时的反向顺序装配。拧紧左、右端盖的螺钉时,应分两次并按对角线顺序进行。

④思考题。

该阀是几位几通换向阀?具有何种滑阀机能?画出它的职能符号?

分析手柄在左位时,阀芯的动作过程及油路沟通情况。

了解该阀的常见故障及其排除方法。

(2)压力控制阀的拆装

以先导式溢流阀的拆装为例(结构见图 6 - 13)。

①拆卸顺序

拆卸前清洗阀的外表面,观察阀的外形,转动调节手柄,体会手感。

拧下螺钉,拆开主阀和先导阀的连接,取出主阀弹簧和主阀芯。

拧下先导阀上的手柄和远控口螺塞。

旋下阀盖,从先导阀体内取出弹簧座、调压弹簧和先导阀芯。

注意:主阀座和导阀座是压入阀体的,不拆。

用光滑的挑针把密封圈撬出,并检查其弹性和尺寸精度,如有磨损和老化应及时更换。

在拆卸过程中,详细观察先导阀芯和主阀芯的结构以及主阀芯阻尼孔的大小,加深理解先导式溢流阀的工作原理。

②主要零件的结构及作用

主阀体:其上开有进油口 P、出油口 T 和安装主阀芯用的中心圆孔。

先导阀体:其上开有远控口和安装先导阀芯用的中心圆孔(远控口是否接油路要根据需要确定)。

主阀芯:为阶梯轴,其中三个圆柱面与阀体有配合要求,并开有阻尼孔和泄油孔。

注意:阻尼孔的作用:当先导阀打开,有油流过阻尼孔时,使 8 腔的压力 n 小于 A 腔的压力 p。

泄油孔的作用:将先导阀左腔和主阀弹簧腔的油引至阀体的出油口(此种泄油方式称为内泄)。

调压弹簧:它主要起调压作用,它的弹簧刚度比主阀弹簧刚度大。

主阀弹簧:它的作用是克服主阀芯的摩擦力,所以刚度很小。

③装配要领

装合前清洗各零件,在配合零件表面上涂润滑油,然后按拆卸时的反向顺序装配。应注意:

检查各零件的油孔、油路是否畅通、无尘屑。

将调压弹簧安放在先导阀芯的圆柱面上,然后一起推入先导阀体。

主阀芯装入主阀体后,应运动自如。

先导阀体与主阀体的止口、平面应完全贴合后,才能用螺钉连接。螺钉要分两次拧紧,并按对角线顺序进行。

注意:由于主阀芯的三个圆柱面与先导阀体、主阀体和主阀座孔相配合,同心度要求高。装配时,要保证装配精度。

④思考题

主阀芯的阻尼孔有何作用? 可否加大或堵塞? 有何后果?

主阀芯的泄油孔如果被堵,有何后果?

比较调压弹簧与主阀弹簧的刚度,并分析如此设计的原因。

分析先导式溢流阀调整无效(压力调不高或调不低)的原因,初步掌握先导式溢流阀常见故障产生的原因及排除方法。

(3)流量控制阀的拆装

以普通节流阀的拆装为例(结构见图 6-28)。

①拆卸顺序

旋下手柄上的止动螺钉,取下手柄,用孔用卡簧钳卸下卡簧。

取下面板,旋出推杆和推杆座。

旋下弹簧座,取出弹簧和节流阀芯(将阀芯放在清洁的软布上)。

用光滑的挑针把密封圈从槽内撬出,并检查其弹性和尺寸精度。

②主要零件的结构及作用

节流阀芯:为圆柱形,其上开有三角沟槽节流口和中心小孔,转动手柄,节流阀便做轴向运动,即可调节通过调速阀的流量。

在拆卸过程中,注意观察主要零件的结构以及各油孔、油道的作用,并结合节流阀的结构图分析其工作原理。

③装配要领

装配前,清洗各零件,在节流阀芯、推杆及配合零件的表面上涂润滑液,然后按拆卸雕反向顺序装配。装配节流阀芯要注意它在阀体内的方向,切忌不可装反。

④思考题

根据阀的结构简述液流从进油到出油的全过程。

分析节流阀芯上的中心小孔的作用。

分析调速阀失灵的原因及故障排除方法。

 习题 6

6-1　选择换向阀时应考虑哪些问题?

6-2　说明三位换向阀中位机能的特点及其适用场合。

6-3　先导式溢流阀的阻尼小孔起什么作用?若将其堵塞或加大会出现什么情况?

6-4　溢流阀、顺序阀和减压阀各起什么作用?它们在原理、结构和图形符号上有何异同?

6-5　在系统中有足够负载的情况下,先导式溢流阀、减压阀及调速阀的进、出油口压接会出现什么现象?

6-6　如图 6-44 所示,油路中各溢流阀的调定压力分别为 $p_A=5$ MPa,$p_b=4$ MPa,$p_c=2$ MPa。在外负载趋于无限大时,图 6-44(a)和图 6-44(b)所示油路的供油压力各为多大?

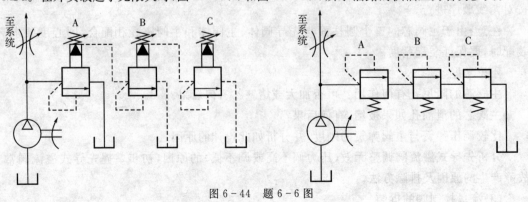

图 6-44　题 6-6 图

6-7 如图 6-45 所示,两个减压阀的调定压力不同。当两阀串联时(图 6-45(a)),出油口压力取决于哪个减压阀?当两阀并联时(图 6-45(b)),出油口压力取决于哪个减压阀?为什么?

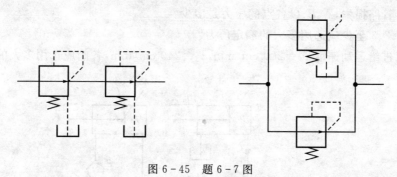

图 6-45 题 6-7 图

6-8 如图 6-46 所示液压回路中,溢流阀的调整压力为 5 MPa,减压阀的调整压力为 2.5 MPa。试分析活塞运动时和碰到死挡铁后 A、B 处的压力值(主油路截止,运动时液压缸的负载为零)。

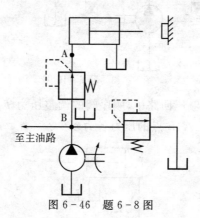

图 6-46 题 6-8 图

6-9 三个溢流阀的调整压力各如图 6-47 所示。试问泵的供油压力有几级?数值各为多少?

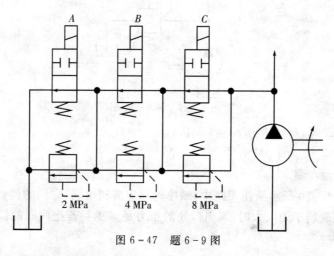

图 6-47 题 6-9 图

6-10　如图6-48所示液压回路中,已知液压缸有效工作面积 $A_1 = A_3 = 100 \text{ cm}^2$, $A_2 = A_4 = 50 \text{ cm}^2$,当最大负载 $F_1 = 14 \text{ kN}$, $F_2 = 4.25 \text{ kN}$,背压力 $p = 0.15 \text{ MPa}$,节流阀2的压差 $\Delta p = 0.2 \text{ MPa}$ 时,问:

(1)不计管路损失,A、B、C 各点的压力是多少?

(2)阀1、2、3至少应选用多大的额定压力?

(3)快速进给运动速度 $v_1 = 200 \text{ cm/min}$, $v_2 = 240 \text{ cm/min}$,各阀应选用多大的流量?

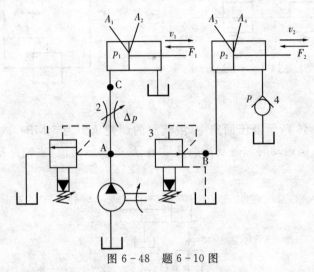

图6-48　题6-10图

6-11　如图6-49所示液压回路中,顺序阀的调整压力 $p_X = 3 \text{ MPa}$,溢流阀的调整压力 $p_Y = 5 \text{ MPa}$,问在下列情况下,A、B 点的压力各为多少?

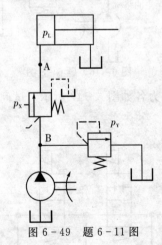

图6-49　题6-11图

(1)液压缸运动时,负载压力 $p_L = 4 \text{ MPa}$;

(2)负载压力 p_L 变为 1 MPa;

(3)活塞运动到右端。

6-12　如图6-50所示液压回路中,顺序阀和溢流阀串联,它们的调整压力分别为 p_X 和 p_Y,当系统的外负载趋于无限大时,泵出口处的压力是多少?若把两阀的位置互换一下,泵出口处的压力是多少?

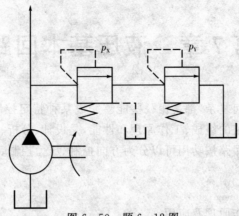

图 6-50 题 6-12 图

6-13 节流阀的最小稳定流量有什么意义？影响最小稳定流量的因素主要有哪些？

第7章 液压基本回路

液压传动系统无论如何复杂,都是由一些能够完成某种特定控制功能的基本液压回路组成。掌握典型基本液压回路的组成、工作原理和性能,是设计、分析、维护、安装、调试和使用液压系统的基础。基本液压回路按功用可以分为方向控制、压力控制、速度控制和多缸工作控制等四类回路。

本章学习,要求掌握:

1. 压力控制回路的工作原理及应用。
2. 节流阀节流调速回路的速度负载特性。
3. 快速运动回路和速度换接回路的工作原理及应用。
4. 多缸动作回路的实现方式。

本章难点:

1. 平衡回路的工作原理及应用。
2. 容积调速回路的调节方法及应用。
3. 多缸快慢互不干扰回路的工作原理。

7.1 方向控制回路

在液压系统中,工作机构的启动、停止或变换运动方向等都是利用控制进入执行元件液流的通、断及改变流动方向来实现的。实现这些功能的回路称为方向控制回路。常见的方向控制回路有换向回路和锁紧回路。

7.1.1 换向回路

换向回路用于控制液压系统中的液流方向,从而改变执行元件的运动方向。一般可采用各种换向阀来实现,在闭式容积高速回路中也可利用双向变量泵实现换向过程。用电磁换向阀来实现执行元件的换向最为方便,但因电磁换向阀的动作快,换向时有冲击,故不宜用于频繁换向。采用电液换向阀换向时,虽然其液动换向阀的阀芯移动速度可调节,换向冲击较小,但仍不能适用于频繁换向的场合。即使这样,由电磁换向阀构成的换向回路仍是应用最广泛的一种回路,尤其是在自动化程度要求较高的组合液压系统中被普遍采用。机动换向阀可进行频繁换向,且换向可靠性较好(这种换向回路中执行元件的换向过程,是通过工作台侧面固定的挡块和杠杆直接作用使换向阀来实现换向的,而电磁换向阀换向,需要通过电气行程开关、继电器和电磁铁等中间环节),但机动换向阀必须安装在执行元件附近,不如电磁换向阀安装灵活。

图7-1所示为利用行程开关控制三位四通电磁换向阀动作的换向回路。按下启动按钮,1YA通电,阀左位工作,液压缸左腔进油,活塞右移;当触动行程开关2ST时,1YA断电,2YA通电,阀右位工作,液压缸右腔进油,活塞左移;当触动行程开关1ST时,1YA通电,2YA断电,阀又左位工作,液压缸又左腔进油,活塞又向右移。这样往复变换换向阀的工作位置,就可

自动改变活塞的移动方向。1YA 和 2YA 都断电,活塞停止运动。由二位四通、三位四通、三位五通电磁换向阀组成的换向回路是较常用的。电磁换向阀组成的换向回路操作方便,易于实现自动化,但换向时间短,故换向冲击大(尤以交流电磁阀更甚),适用于小流量、平稳性要求不高的场合。

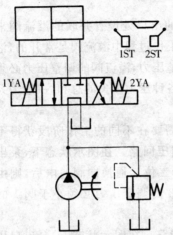

图 7-1　行程开关控制三位四通电磁换向阀动作的换向回路

7.1.2　锁紧回路

锁紧回路的功能是使执行元件停止在规定的位置上,且能防止因受外界影响而发生漂移或窜动。

通常采用 O 型或 M 型中位机能的三位换向阀构成锁紧回路,当接入回路时,执行元件的进、出油口都被封闭,可将执行元件锁紧不动。这种锁紧回路由于受到换向阀泄漏的影响,执行元件仍可能产生一定漂移或窜动,锁紧效果较差。

图 7-2 所示为两个液控单向阀组成的锁紧回路。活塞可以在行程中的任何位置停止并锁紧,其锁紧效果只受液压缸泄漏的影响,因此其锁紧效果较好。

采用液压锁的锁紧回路,换向阀的中位机能应使液压锁的控制油液卸压(即换向阀应采用 H 型或 Y 型中位机能),以保证换向阀中位接入回路时,液压锁能立即关闭,活塞停止运动并锁紧。假如采用 O 型中位机能的换向阀,换向阀处于中位时,由于控制油液仍存在一定的压力,液压锁不能立即关闭,直至由于换向阀泄漏使控制油液压力下降到一定值后,液压锁才能关闭,这就降低了锁紧效果。

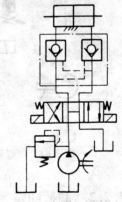

图 7-2　液压锁锁紧回路

7.2　压力控制回路

压力控制回路是对系统整体或系统某一部分的压力进行控制的回路。这类回路包括调压、卸荷、保压、增压、减压、平衡、背压等多种回路,主要满足执行元件对力或转矩的要求。

7.2.1 调压回路

为使系统的压力与负载相适应并保持稳定,或为了安全而限定系统的最高压力,都要用到调压回路。当液压系统在不同的工作阶段需要两种以上不同大小的压力时,可采用多级调压回路。

如图 7－3 所示,在液压泵的出口处设置并联的溢流阀来控制回路的最高压力为恒定值。在工作过程中溢流阀是常开的,液压泵的工作压力决定于溢流阀的调整压力,溢流阀的调整压力必须大于液压缸最大工作压力和油路中各种压力损失的总和,一般为系统工作压力的 1.1 倍。

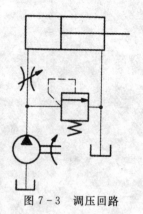

有些液压设备的液压系统需要在不同的工作阶段获得不同的压力。如图 7－4 所示为二级调压回路。在图示状态下,泵出口压力由溢流阀 1 调定为较高压力;二位二通换向阀通电后,则由远程调压阀 2 调定为较低压力。阀 2 的调定压力必须小于阀 1 的调定压力。

图 7－3　调压回路

图 7－5 所示为三级调压回路。在图示状态下,泵出口压力由阀 1 调定为最高压力(若阀 4 采用 H 型中位机能的电磁阀,则此时泵卸荷,即为最低压力);当换向阀 4 的左、右电磁铁分别通电时,泵压由远程调压阀 2 和 3 调定。阀 2 和阀 3 的调定压力必须小于阀 1 的调定压力值。

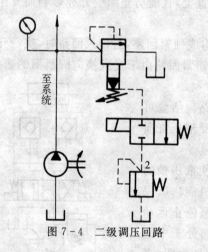

图 7－4　二级调压回路

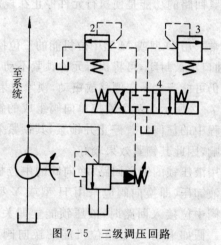

图 7－5　三级调压回路

7.2.2 卸荷回路

在液压设备短时间停止工作期间,一般不宜关闭电动机,这是因为频繁开关对电动机和泵的寿命有严重影响。但若让泵在溢流阀调定压力下回油,又会造成很大的能量浪费,使油温升高,系统性能下降,为此常设置卸荷回路解决上述矛盾。

所谓卸荷,就是指泵的功率损耗接近于零的运转状态。功率为流量与压力乘积,两者任一近似为零,功率损耗即近似为零,故卸荷有流量卸荷和压力卸荷两种方法。流量卸荷法用于变量泵,此法简单,但泵处于高压状态,磨损比较严重;压力卸荷法是使泵在接近零压下工作。常见的卸荷回路有下述几种：

1. 用三位阀中位机能的卸荷回路

M、H 和 K 型中位机能的三位换向阀处于中位时，使泵与油箱连通，实现卸荷，如图 7 - 6 所示。

用换向阀中位机能的卸荷回路，卸荷方法比较简单。但压力较高，流量较大时，容易产生冲击，故适用于低压、小流量液压系统，不适用于一个液压泵驱动两个或两个以上执行元件系统。

2. 用二位二通阀的卸荷回路

如图 7 - 7 所示为用二位二通阀的卸荷回路，该回路必须使二位二通换向阀的流量与泵的额定输出流量相匹配。这种卸荷方法的卸荷效果较好，易于实现自动控制。

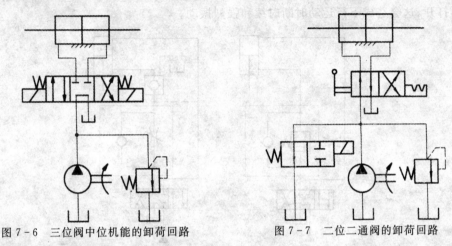

图 7 - 6　三位阀中位机能的卸荷回路　　图 7 - 7　二位二通阀的卸荷回路

3. 泵卸荷的保压回路

如图 7 - 8 所示的回路，当换向阀在左位工作时，液压缸前进压紧工件，进油路压力升高，当油压达到压力继电器调整值时，压力继电器发讯号使二通阀通电，泵即卸荷，单向阀自动关闭，液压缸则由蓄能器保压。缸压不足时，压力继电器复位使泵重新工作。保压时间取决于蓄能器容量，调节压力继电器的通断调节区间即可调节缸压力的最大值和最小值。

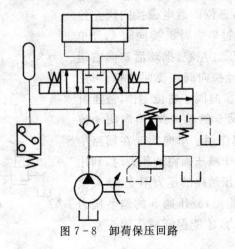

图 7 - 8　卸荷保压回路

7.2.3　平衡回路

为了防止立式液压缸及其工作部件在悬空停止期间自行下滑,或在下行运动中由于自重而造成失控超速的不稳定运动,可设置平衡回路。

在垂直放置的液压缸的下腔串接一单向顺序阀可防止液压缸因自重而自行下滑,但活塞下行时有较大的功率损失,为此可采用外控单向顺序阀平衡回路,如图7-9所示。活塞下行时,来自进油路并经节流阀的控制压力油打开顺序阀,背压较小,提高了回路效率。但由于顺序阀的泄漏,运动部件在悬停过程中总要缓缓下降。对要求停止位置准确或停留时间较长的液压系统,可采用图7-9所示的液控单向阀平衡回路。图中节流阀的设置是必要的。若无此阀,运动部件下行时会因自重而超速运动,缸上腔出现真空,使液控单向阀关闭,待压力重建后才能再打开,这会造成下行运动时断时续和强烈振动。

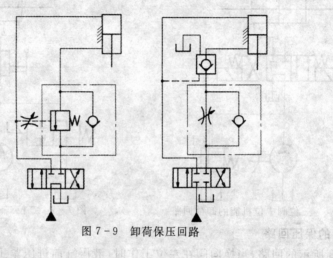

图7-9　卸荷保压回路

7.2.4　减压回路

1. 单向减压回路

如图7-10所示为用于夹紧系统的单向减压回路。单向减压阀5安装在液压缸6与换向阀4之间,当1YA通电时,三位四通电磁换向阀左位工作,液压泵输出压力油通过单向阀3、换向阀4,经单向减压阀5减压后输入液压缸左腔,推动活塞向右运动,夹紧工件,右腔的油液经换向阀4流回油箱;当工件加工完了,2YA通电时,换向阀4右位工作,液压缸6左腔的油液经单向减压阀5的单向阀、换向阀4流回油箱,回程时减压阀不起作用。单向阀3在回路中的作用是,当主油路压力低于减压油路的压力时,利用锥阀关闭的严密性,保证减压油路的压力不变,使夹紧缸保持夹紧力不变。还应指出,减压阀5的调整压力应低于溢流阀2的调整压力,才能保证减压阀正常工作(起减压作用)。

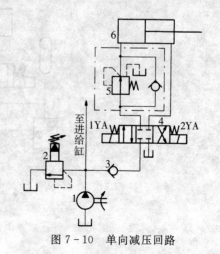

图7-10　单向减压回路

2.二级减压回路

图 7 – 11 所示为由减压阀和远程调压阀组成的二级减压回路。在图示状态下,夹紧压力由减压阀 1 调定;当二通阀通电后,夹紧压力则由远程调压阀 2 调定,故此回路为二级减压回路。若系统只需一级减压,可取消二通阀与阀 2,堵塞阀 1 外控口。若取消二通阀,阀 2 用直动式比例溢流阀取代,根据输入信号的变化,便可获得无级或多级的稳定低压。为使减压回路可靠地工作,其最高调整压力应比系统压力低一定的数值,例如中高压系统减压阀约低 1 MPa (中低压系统约低 0.5 MPa),否则减压阀不能正常工作。当减压支路的执行元件速度需要调节时,节流元件应装在减压阀的出口,因为减压阀起作用时,有少量泄油从先导阀流回油箱,节流元件装在出口,可避免泄油对节流元件调定的流量产生影响。减压阀出口压力若比系统压力低得多,会增加功率损失和系统升温,必要时可用高低压双泵分别供油。

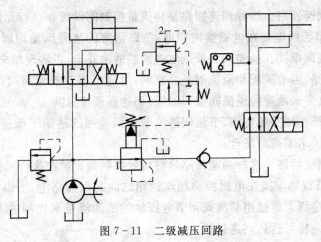

图 7 – 11　二级减压回路

7.3　速度控制回路

速度控制回路是对液压系统中执行元件的运动速度和速度切换实现控制的回路。这类回路包括调速、快速和换速等回路。

7.3.1　调速回路

调速回路的功能是调定执行元件的工作速度。在不考虑油液的可压缩性和泄漏的情况下,执行元件的速度表达式为

$$液压缸 \quad v = Q/A \qquad\qquad (7-1)$$

$$液压马达 \quad n = Q/v \qquad\qquad (7-2)$$

从式(7 – 1)和式(7 – 2)可知,改变输入执行元件的流量、液压缸的有效工作面积或液压马达的排量均可以达到调速的目的,但改变液压缸的有效工作面积往往会受到负载等其它因素的制约,改变排量对于变量液压马达容易实现但对定量马达则不易实现,而使用最普遍的方法还是通过改变输入执行元件的流量来达到调速的目的。目前,液压系统中常用的调速方式有以下三种:

(1)节流调速用定量泵供油,由流量控制阀改变输入执行元件的流量来调节速度。其主要

优点是速度稳定性好;主要缺点是节流损失和溢流损失较大、发热大、效率较低。

(2)容积调速通过改变变量泵或(和)变量马达的排量来调节速度。其主要优点是无节流损失和溢流损失、发热较小、效率较高;其主要缺点是速度稳定性较差。

(3)容积节流调速用能够自动改变流量的变量泵与流量控制阀联合来调节速度。其主要优点是有节流损失、无溢流损失、发热较低、效率较高。

1. 节流调速回路

这种调速回路的优点是结构简单、工作可靠、造价低和使用维护方便,因此在机床液压系统中得到广泛应用。其缺点是能量损失大,效率低、发热大,故一般多用于小功率系统中,如机床的进给系统。按流量控制阀在液压系统中设置位置的不同,节流调速回路可分为进油、回油和旁路三种。

(1)进油节流调速回路 这种调速回路是将流量控制阀设置在执行元件的进油路上,如图7-12所示。由于节流阀串接在电磁换向阀前,所以活塞的往复运动均属于进油节流调速过程;也可用单向节流阀串接在换向阀和液压缸进油腔的油路上,以实现单向进油节流调速。对于进油节流调速回路,因节流阀和溢流阀是并联的,故通过调节节流阀阀口的大小,便能控制进入液压缸的流量(多余油液经溢流阀溢回油箱)而达到调速目的。

根据进油节流调速回路的特点,节流阀进油节流调速回路适用于低速、轻载、负载变化不大和对速度稳定性要求不高的场合。

(2)回油节流调速回路 这种调速回路是将流量控制阀设置在执行元件的回油路上,如图7-13所示。由于节流阀串接在电磁换向阀与油箱之间的回油路上,所以活塞的往复运动都属于回油节流调速过程。通过用节流阀调节液压缸的回油流量来控制进入液压缸的流量,因此同进油节流调速一样可达到调速目的。

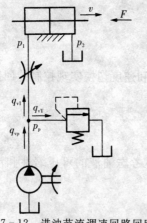

图7-12 进油节流调速回路回路

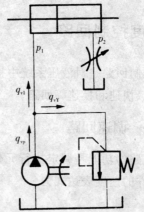

图7-13 回油节流调速回路回路

节流阀回油节流调速回路也具备前述进油节流调速回路的特点,但这两种调速回路因液压缸的回油腔压力存在差异,因此它们之间也存在不同之处,现比较如下:

①对于回油节流调速回路,由于液压缸的回油腔中存在一定背压,因而能承受一定负值负载(即与活塞运动方向相同的负载,如顺铣时的铣削力和垂直运动部件下行时的重力等),而进油节流调速回路,在负值负载作用下活塞的运动会因失控而超速前冲。

②在回油节流调速回路中,由于液压缸的回油腔中存在背压,且活塞运动速度越快,产生

的背压就越大,故其运动平稳性较好;而在进油节流调速回路中,液压缸的回油腔中无此背压,因此其运动平稳性较差,若增加背压阀,则运动平稳性也可以得到提高。

③在回油节流调速回路中,经过节流阀发热后的油液能够直接流回油箱并得以冷却,对液压缸泄漏的影响较小;而进油节流调速回路,通过节流阀发热后的油液直接进入液压缸,会导致泄漏增加。

④对于回油节流调速回路,在停车后,液压缸回油腔　图 7-13 回油节流调速回路中的油液会由于泄漏而形成空隙,再次起动时,液压泵输出的流量将不受流量控制阀的限制而全部进入液压缸,使活塞出现较大的起动超速前冲;而对于进油节流调速回路,因进入液压缸的流量总是受到节流阀的限制,故起动冲击小。

⑤对于进油节流调速回路,比较容易实现压力控制过程,当运动部件碰到死挡铁后,液压缸进油腔内的压力会上升到溢流阀的调定压力,利用这种压力的上升变化可使压力继电器发出电信号;而回油节流调速回路,液压缸进油腔内的压力变化很小,难以利用,即使在

运动部件碰到死挡铁后,液压缸回油腔内的压力会下降到 0,利用这种压力下降变化也可使压力继电器发出电信号,但实现这一过程所采用的电路结构复杂、可靠性低。

此外,对单活塞杆缸来说,无杆腔进油节流调速可获得较有杆腔回油节流调速低的速度和大的调速范围;有杆腔回油节流调速,在轻载时回油腔内的背压可能比进油腔内的压力要高出许多,从而引起较大的泄漏。

(3)旁路节流调速回路　这种调速回路是将流量控制阀设置在与执行元件并联的支路上,如图 7-14 所示。用节流阀来调节流回油箱的油液流量,以实现间接控制进入液压缸的流量,进而达到调速目的。回路中溢流阀处于常闭状态,可以起到安全保护的作用,故液压泵的供油压力随负载变化而变化。

旁路节流调速回路适用于负载变化小和运动平稳性要求不高的高速大功率场合。应注意的是,在这种调速回路中,液压泵的泄漏对活塞运动的速度有较大影响,而在进油和回油节流调速回路中,液压泵的泄漏对活塞运动的速度影响则较小,因此这种调速回路的速度稳定性比前两种回路都低。

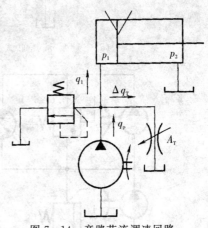

图 7-14　旁路节流调速回路

(4)节流调速回路工作性能的改进　使用节流阀的节流调速回路,其速度稳定性都比较低,在变负载下的运动平稳性也较差,这主要是由于负载变化引起节流阀前、后压力差变化而产生的后果。如果用调速阀代替节流阀,调速阀中的定差减压阀可使节流阀前、后压力差保持基本恒定,所以可以提高节流调速回路的速度稳定性和运动平稳性,但工作性能的提高是以加大流量控制阀前、后压力差为代价的(调速阀前、后压力差一般最小应有 0.5 MPa,高压调速阀应有 1.0 MPa),故功率损失较大,效率较低。调速阀节流调速回路在机床及低压小功率系统中已得到广泛应用。

2. 容积调速回路

这种调速回路的特点是液压泵输出的油液都直接进入执行元件,没有溢流和节流损失,因此效率高、发热小,适用于大功率系统中,但是这种调速回路需要采用结构较复杂的变量泵或

变量马达,故造价较高,且维修也较困难。

容积调速回路按油液循环方式不同可分为开式和闭式两种。开式回路的液压泵从油箱中吸油并供给执行元件,执行元件排出的油液直接返回油箱,油液在油箱中可得到很好地冷却并使杂质得以充分沉淀,油箱体积大,空气也容易侵入回路而影响执行元件的运动平稳性。

闭式回路的液压泵将油液输入执行元件的进油腔中,又从执行元件的回油腔处吸油,油液不一定都经过油箱而直接在封闭回路内循环,从而减少了空气侵入的可能性,但为了补偿回路的泄漏和执行元件进、回油腔之间的流量差,必须设置补油装置。

根据液压泵与执行元件的组合方式的不同,容积调速回路有三种组合形式:变量泵-定量马达(或缸)、定量泵-变量马达、变量泵-变量马达。

(1)由变量泵和液压缸(或定量马达)组成的容积调速回路,如图 7 - 15(a)、图 7 - 15(b)所示。

(2)由定量泵和变量马达组成的容积调速回路,如图 7 - 15(c)所示。

(3)由变量泵和变量马达组成的容积调速回路,如图 7 - 15(d)所示。

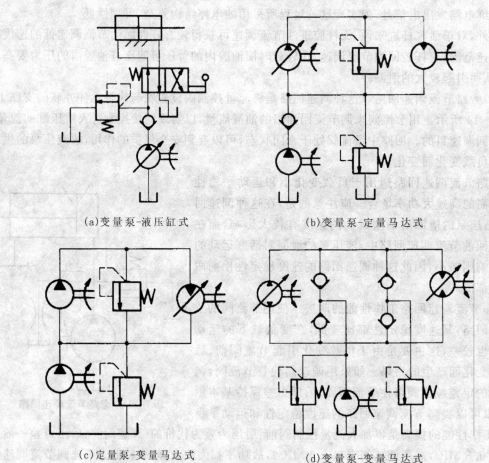

(a)变量泵-液压缸式 (b)变量泵-定量马达式

(c)定量泵-变量马达式 (d)变量泵-变量马达式

图 7 - 15　容积调速回路

按油路循环方式不同,容积调速回路可分为开式和闭式两种。在开式回路中,液压泵从油箱吸油,将压力油输给执行元件,执行元件的回油再进油箱。液压油经油箱循环,油液易得到充分的冷却和过滤,但空气和杂质也容易侵入回路,如图 7 - 15(a)所示。在闭式回路中,液压泵出口与执行元件进1:1相连,执行元件出口接液压泵进口,油液在液压泵和执行元件之间循环,不经过油箱,如图7-15(b)所示。这种回路结构紧凑,空气和杂质不易进入回路,但散热效果差,且需补油装置。

3. 容积节流调速回路

　　利用改变变量泵排量和调节调速阀流量配合工作来调节速度的回路,称为容积节流调速回路。图7-16所示为由限压式变量泵与调速阀组成的容积节流调速回路。变量泵输出的油液经调速阀进入液压缸,调节调速阀即可改变进入液压缸的流量而实现调速,此时变量泵的供油量会自动地与之相适应。

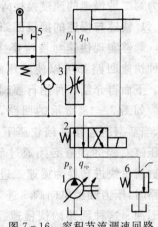

　　从以上分析可知,容积节流调速回路无溢流损失,效率较高,调速范围大,速度刚性好,一般用于空载时需快速、承载时要稳定的中、小功率液压系统。

4. 三种调速方法的比较和选择

　　节流调速、容积调速和容积节流调速三种方法中,节流调速回路都存在负载变化,会导致速度变化。若采用节流阀调

图 7-16　容积节流调速回路

速,不但油温变化会影响流量变化,而且节流口较小时还容易堵塞,影响低速稳定性。节流调速回路的共同缺点是功率损失大,效率低,只适用于功率小的液压系统中。

　　容积调速回路的共同特点:既没有节流损失,又没有溢流损失,回路效率较高;泵与马达的容积效率随负载压力增大而下降;速度也随负载而变,但与节流调速速度随负载变化的意义不同,容积调速比节流调速的速度要高得多,而且调速范围很大。但是,采用改变变量马达排量调速的调速范围小。容积调速回路的共同缺点是低速稳定性较差。容积节流调速回路由于存在节流损失,所以效率比容积调速回路低,比节流调速回路高;低速稳定性比容积调速回路好。

7.3.2　快速回路

　　快速回路又称增速回路,其功用在于使执行元件获得必要的高速,以提高系统的工作效率或充分利用功率。快速回路因实现增速方法的不同而有多种结构方案,常用的快速回路有液压缸差动连接快速回路、双泵供油快速回路和利用蓄能器快速回路等。

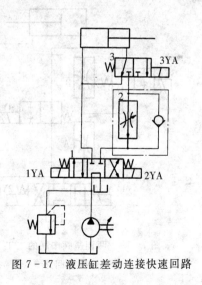

　　图7-17所示为液压缸差动连接快速回路。当阀1和阀3在左位工作(电磁铁1YA通电、3YA断电)时,液压缸形成差动连接,实现快速运动。当阀3右位工作(电磁铁3YA通电)时,差动连接即被切断,液压缸回油经过调速阀,实现工进。当阀1切换至右位工作(电磁铁2YA通电)时,缸快退。这种回路结构简单,价格低廉,应用普遍。但要注意此回路的阀和管道应按差动时的较大流量选用,否则压力损失过大,会使溢流阀在快进时也开启,无法实现差动。

图 7-17　液压缸差动连接快速回路

7.3.3 速度换接回路

若设备的工作部件在自动循环工作过程中需要进行速度换接,例如机床的二次进给工作循环为快进—第一次工进—第二次工进—快退,就存在着由快速转换为慢速、由第一种慢速转换为第二种慢速的速度换接等要求。实现这些功能的回路应该具有较高的速度换接平稳性。

1. 快速与慢速的换接回路

能够实现快速与慢速换接的方法很多,前面提到的各种快速回路都可以使液压缸的运动由快速换接为慢速。下面再介绍一种用行程阀的快慢速换接回路。

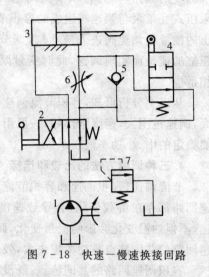

如图7-18所示的回路,在图示状态下,液压缸快进,当活塞所连接的挡块压下行程阀4时,行程阀关闭,液压缸右腔的油液必须通过节流阀6才能流回油箱,液压缸就由快进转换为慢速工进。当换向阀2的左位接入回路时,压力油经单向阀5进入液压缸右腔,活塞快速向左返回。这种回路的快慢速换接比较平稳,换接点的位置比较准确,缺点是行程阀的安装位置不能任意布置,管路连接较为复杂。若将行程阀改为电磁阀,如图7-18所示,安装连接就比较方便了,但速度换接的平稳性和可靠性以及换接精度都不如前者。

图7-18 快速—慢速换接回路

2. 慢速与慢速的换接回路

图7-19所示为两调速阀串联的二工进速度换接回路。当阀1左位工作且阀3断开时,控制阀2的通或断使油液经调速阀A或既经A又经8才能进入液压缸左腔,从而实现第一次工进或第二次工进。但阀B的开口需调得比A小,即二工进速度必须比一工进速度低。此外,二工进时油液经过两个调速阀,能量损失较大。

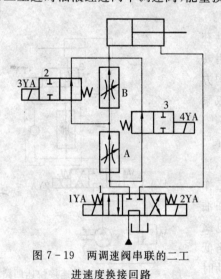

图7-19 两调速阀串联的二工
进速度换接回路

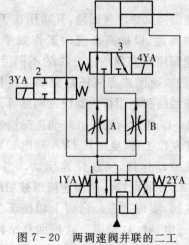

图7-20 两调速阀并联的二工
进速度换接回路

图7-20所示为两调速阀并联的二工进速度换接回路,主换向阀1在左位或右位工作时,

缸做快进或快退运动。当主换向阀 1 在左位工作并使阀 2 通电时,根据阀 3 不同的工作位置,进油需经调速阀 A 或 B 才能进入缸内,便可实现第一次工进和第二次工进速度的换接。两个调速阀可单独调节,两速度互无限制。但一阀工作另一阀无油液通过,后者的减压阀部分处于非工作状态,若该阀内无行程限位装置,此时减压阀口将完全打开,一旦换接,油液大量流过此阀,缸会出现前冲现象。因此它不宜用于在工作过程中的速度换接,只可用在速度预选的场合。

7.3.4　多缸工作控制回路

液压系统中,一个液压泵往往驱动多个液压缸。按照系统的要求,这些缸或顺序动作,或同步动作,多缸之间要求能避免在压力和流量上的相互干扰。这类回路包括顺序动作、同步和互不干扰等回路。

1. 顺序动作回路

顺序动作回路用于使各缸按预定的顺序动作,如工件应先定位、后夹紧、再加工等。按照控制方式的不同,有行程控制和压力控制两大类。

(1)压力控制的顺序动作回路

压力控制的顺序动作回路常采用顺序阀或压力继电器进行控制。如图 7-21 所示为用压力继电器控制的顺序动作回路。当电磁铁 1YA 通电后,压力油进入 A 缸的左腔,推动活塞按①方向右移碰上止挡块后,系统压力升高,安装在 A 缸进油腔附近的压力继电器发出信号,使电磁铁 2YA 通电,于是压力油又进入 13 缸的左腔,推动活塞按②方向右移。回路中的节流阀以及和它并联的二通电磁阀是用来改变 B 缸运动速度的。为了防止压力继电器乱发信号,其压力调整值一方面应比 A 缸动作时的最大压力高 0.3~0.5 MPa,另一方面又要比溢流阀的调整压力低 0.3~0.5 MPa。

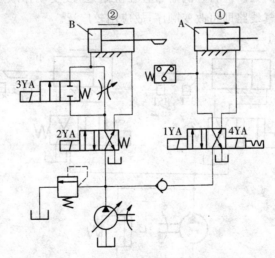

图 7-21　用压力继电器控制的顺序动作回路

2. 行程控制的顺序动作回路

(1)用行程阀控制的顺序动作回路

如图 7-22 所示状态下,A、B 两缸的活塞皆在左端位置。当手动换向阀 C 左位工作时,缸 A 右行,实现动作①。在挡块压下行程阀 D 后,缸 B 右行,实现动作②。手动换向阀复位后,缸 A 先复位,实现动作③。随着挡块后移,阀 D 复位,缸 8 退回,实现动作④。至此,顺序动作全部完成。

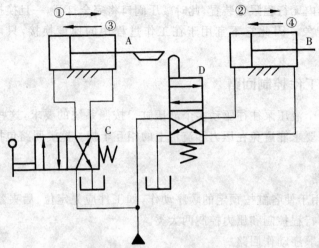

图 7-22 用行程阀控制的顺序动作回路

(2)用行程开关控制的顺序动作回路

如图 7-23 所示的回路中,1YA 通电,缸 A 右行完成动作①后,又触动行程开关 1ST 使 2YA 通电,缸 B 右行,在实现动作②后,又触动 2ST 使 1YA 断电,缸 A 返回,在实现动作③后,又触动 3ST 使 2YA 断电,缸 B 返回,实现动作④,最后触动 4ST 使泵卸荷或引起其它动作,完成一个工作循环。

行程控制的顺序动作回路,换接位置准确,动作可靠,特别是行程阀控制回路换接平稳,常用于对位置精度要求较高处。但行程阀需布置在缸附近,改变动作顺序较困难。而行程开关控制的回路只需改变电气线路即可改变顺序,故应用较广泛。

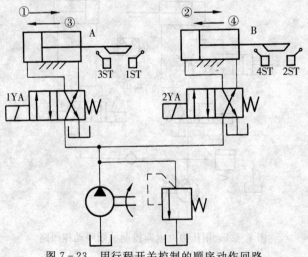

图 7-23 用行程开关控制的顺序动作回路

3. 同步回路

使两个或多个液压缸在运动中保持相对位置不变且速度相同的回路称为同步回路。在多缸液压系统中,影响同步精度的因素很多,例如,液压缸外负载、泄漏、摩擦阻力、制造精度、结构弹性变形以及油液中含气量等都会使运动不同步,同步回路要尽量克服或减少这些因素的影响。

(1)并联液压缸的同步回路

用并联调速阀的同步回路

如图 7-24 所示,用两个调速阀分别串接在两个液压缸的回油路(或进油路)上,再并联起来,用以调节两缸运动速度,即可实现同步。这是一种常用的比较简单的同步方法,但因为两个调速阀的性能不可能完全一致,同时还受到载荷变化和泄漏的影响,故同步精度较低。

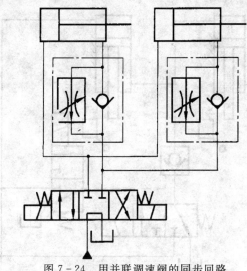

图 7-24　用并联调速阀的同步回路

(2)串联液压缸的同步回路

①普通串联液压缸的同步回路

图 7-25 所示为两个液压缸串联的同步回路。第一个液压缸回油腔排出的油液被送入第二个液压缸的进油腔,若两缸的有效工作面积相等,两活塞必然有相同的位移,从而实现同步运动。由于制造误差和泄漏等因素的影响,该回路同步精度较低。

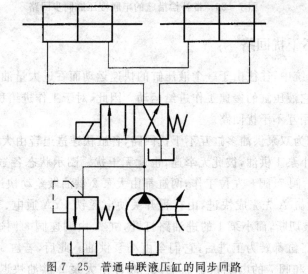

图 7-25　普通串联液压缸的同步回路

②带补偿措施的串联液压缸同步回路

如图7-26所示两缸串联,A腔和B腔面积相等,使进、出流量相等,两缸的升降便得到同步。而补偿措施使同步误差在每一次下行运动中都可消除。例如阀5在右位工作时,缸下降,若缸1的活塞先运动到底,它就触动电气行程开关1ST,使阀4通电,压力油便通过该阀和单向阀向缸2的B腔补入,推动活塞继续运动到底,误差即被消除。若缸2先到底,触动行程开关2ST,阀3通电,控制压力油使液控单向阀反向通道打开,缸1的A腔通过液控单向阀回油,其活塞即可继续运动到底。这种串联液压缸的同步回路只适用于负载较小的液压系统中。

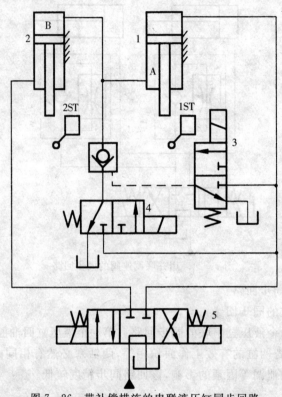

图7-26　带补偿措施的串联液压缸同步回路

7.3.5　互不干扰回路

在多缸液压系统中,往往由于一个液压缸的快速运动而吞进大量油液,造成整个系统的压力下降,干扰了其它液压缸的慢速工作进给运动。因此,对于工作进给稳定性要求较高的多缸液压系统,必须采用互不干扰回路。

图7-27所示为双泵供油多缸互不干扰回路,各缸快速进退皆由大泵2供油,当任一缸进入工进时,则改由小泵1供油,彼此无牵连,也就无干扰。图示状态各缸原位停止。当电磁铁3YA、4YA通电时,阀7、阀8左位工作,两缸都由大泵2供油做差动快进,小泵1供油在阀5、阀6处被堵截。设缸A先完成快进,由行程开关使电磁铁1YA通电、3YA断电,此时大泵2对缸A的进油路被切断,而小泵1的进油路打开,缸A由调速阀3调速做工进,缸B仍做快进,互不影响。当各缸都转为工进后,它们全由小泵供油。此后,若缸A又率先完成工进,则行程开关应使阀5和阀7的电磁铁都通电,缸A即由大泵2供油快退。当各电磁铁皆断电

时,各缸皆停止运动,并被锁于所在位置上。

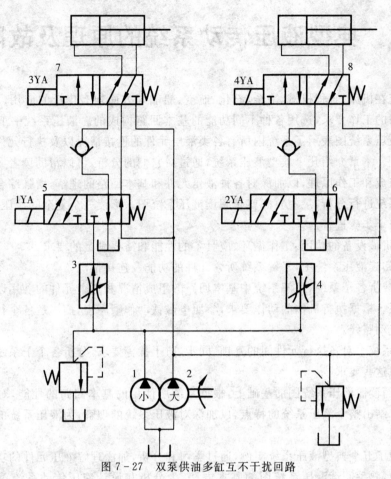

图 7-27　双泵供油多缸互不干扰回路

习题 7

7-1　由不同操纵方式的换向阀组成的换向回路各有什么特点?

7-2　锁紧回路中三位换向阀的中位机能是否可任意选择?为什么?

7-3　在液压系统中,当工作部件停止运动以后,使泵卸荷有什么好处?举例说明几种常用的卸荷方法。

7-4　在液压系统中为什么要设置背压回路?背压回路与平衡回路有何区别?

7-5　如何调节执行元件的运动速度?常用的调速方法有哪些?

7-6　在液压系统中为什么要设置快速运动回路?执行元件实现快速运动的方法有哪些?

第8章 典型液压传动系统的原理及故障分析

液压系统在机床、工程机械、冶金、石化、航空、船舶等方面均有广泛的应用。液压系统是根据液压设备的工作要求，选用各种不同功能的基本回路构成的。液压系统一般用图形的方式来表示。液压系统图表示了系统内所有各类液压元件的连接情况以及执行元件实现各种运动的工作原理。本章介绍几个典型液压系统，通过对它们的分析，可以帮助读者了解典型液压系统的基本组成和工作原理，以加深对各种液压元件和基本回路的理解，增强综合应用能力。

对液压系统进行分析，最主要的就是阅读液压系统图。阅读一个复杂的液压系统图，大致可以按以下几个步骤进行：

(1)了解机械设备的功用、工作循环、应具备的性能和需要满足的要求。

(2)初步阅读液压系统图，了解系统所含元件的功能及连接情况。

(3)逐步分析各子系统，了解系统中基本回路的组成情况和各个元件的功用以及各元件之间的相互关系。根据执行机构的动作要求，参照电磁铁动作顺序表，搞清楚各个行程的动作原理及油路的流动路线。

(4)根据系统中对各执行元件间的互锁、同步、防干扰等要求，分析各个子系统之间的联系以及如何实现这些要求。

(5)在全面读懂液压系统图的基础上，根据系统所使用的基本回路的性能，对系统做出综合分析归纳总结出整个液压系统的特点，以加深对液压系统的理解，为液压系统的调整、维护、使用打下基础。

本章选列了五个典型液压系统实例，通过学习和分析，加深理解液压元件的功用和基本回路的合理组合，熟悉阅读液压系统图的基本方法，为分析和设计液压传动系统奠定必要的基础，对调整和维护液压传动系统也是非常必要的。

本章难点

1.组合机床动力滑台液压传动系统工作原理。

2.数控车床液压传动系统工作原理。

3.外圆磨床液压传动系统工作原理。

4.塑料注射成型机液压传动系统工作原理。

5.液压传动系统的故障诊断方法。

8.1 组合机床动力滑台液压系统

组合机床是一种高效率的专用机床，它由具有一定功能的通用部件(包括机械动力滑台和液压动力滑台)和专用部件组成，加工范围较广，自动化程度较高，多用于大批量生产中。液压动力滑台由液压缸驱动，根据加工需要可在滑台上配置动力头、主轴箱或各种专用的切削头等工作部件，以完成钻、扩、铰、铣、镗、刮端面、倒角、攻螺纹等加工工序，并可实现多种进给工作循环。图 8-1 所示为组合机床液压动力滑台的组成。

8.1.1　概述

动力滑台用液压缸驱动,可实现多种进给工作循环。对动力滑台液压传动系统性能主要要求是速度换接平稳,进给速度稳定,功率利用合理,系统效率高,发热少。

现以 YT4543 型动力滑台为例分析其液压传动系统的工作原理和特点。YT4543 型动力滑台的进给速度范围为 6.6~600 mm/min,最大进给力为 4.5×10^4 N。如图 8-1 所示,该系统采用限压式变量泵及单杆活塞液压缸。通常实现的工作循环是:快进—第一次工作进给—第二次工作进给—止挡块停留—快退—原位停止。

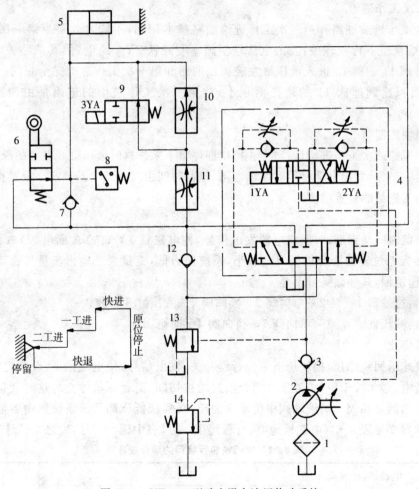

图 8-1　YT4543 型动力滑台液压传动系统

8.1.2　液压系统的工作原理

1. 快进

按下启动按钮,电磁铁 1YA 通电,电液换向阀 4 左位接入系统,顺序阀 13 因系统压力较低而处于关闭状态,变量泵 2 则输出较大流量,这时液压缸 5 两腔连通,实现差动快进,其油路为:

进油路:过滤器 1—泵 2—单向阀 3—换向阀 4—行程阀 6—液压缸 5 左腔;

回油路:液压缸 5 右腔—换向阀 4—单向阀 12—行程阀 6—液压缸 5 左腔。

2. 第一次工作进给

当滑台快进终了时,挡块压下行程阀 6,切断快速运动进油路,电磁铁 1YA 继续通电,阀 4 仍以左位接入系统。这时液压油只能经调速阀 11 和二位二通换向阀 9 进入液压缸 5 左腔。由于工进时系统压力升高,变量泵 2 便自动减小其输出流量,顺序阀 13 此时打开,单向阀 12 关闭,液压缸 5 右腔的回油最终经背压阀 14 流回油箱,这样就使滑台转为第一次工作进给运动。进给量的大小由阀 11 调节,其油路是:

进油路:过滤器 1—泵 2—单向阀 3—换向阀 4—调速阀 11—换向阀 9—液压缸 5 左腔;
回油路:液压缸 5 右腔—换向阀 4—顺序阀 13—背压阀 14—油箱。

3. 第二次工作进给

第二次工作进给油路和第一次工作进给油路基本相同,不同之处是当第一次工进终了时,滑台上挡块压下行程开关,发出电信号使阀 9 电磁铁 3YA 通电,使其油路关闭,这时液压油需通过阀 11 和阀 10 进入液压缸左腔。回油路和第一次工作进给完全相同。因调速阀 10 的通流面积比调速阀 11 的通流面积小,故第二次工作进给的进给量由调速阀 10 来决定。

4. 止挡块停留

滑台完成第二次工作进给后,碰上止挡块即停留下来。这时液压缸 5 左腔的压力升高,使压力继电器 8 动作,发出电信号给时间继电器,停留时间由时间继电器调定。设置止挡块可以提高滑台加工进给的位置精度。

5. 快退

滑台停留时间结束后,时间继电器发出信号,使电磁铁 1YA、3YA 断电,2YA 通电,这时阀 4 右位接入系统。因滑台返回时负载小,系统压力低,变量泵 2 输出流量又自动恢复到最大,滑台快速退回,其油路是:

进油路:过滤器 1—泵 2—单向阀 3—换向阀 4—液压缸 5 右腔;
回油路:液压缸 5 左腔—单向阀 7—换向阀 4—油箱。

6. 原位停止

滑台快速退回到原位,挡块压下原位行程开关,发出信号,使电磁铁 2YA 断电,至此全部电磁铁皆断电,阀 4 处于中位,液压缸两腔油路均被切断,滑台原位停止。这时变量泵 2 输出的油液经单向阀 3 和阀 4 的液动阀中位流向油箱,泵实现低压卸荷。系统图中各电磁铁及行程阀的动作顺序见表 8-1(电磁铁通电、行程阀压下时,表中记"+"号,反之"−"号)。

表 8-1　电磁铁和行程阀的动作顺序

电磁铁、行程阀　　　动作	电磁铁			行程阀
	1YA	2YA	3YA	
快　进	+	−	−	−
第一次工作进给	+	−	−	+
第二次工作进给	+	−	+	+
止挡块停留	+	−	+	+
快　退	−	+	−	+、−
原位停止	−	−	−	−

8.1.3　液压系统的特点

由上述可知,该系统主要由下列基本回路组合而成:限压式变量泵和调速阀的联合调速回路,差动连接增速回路,电液换向阀的换向回路,行程阀和电磁阀的速度换接回路,串联调速阀的二次进给调速回路。这些回路的应用决定了系统的主要性能,其特点如下:

(1)由于采用限压式变量泵,快进转换为工作进给后,无溢流功率损失,系统效率较高。又因采用差动连接增速回路,在泵的选择和能量利用方面更为经济合理。

(2)采用限压式变量泵、调速阀和行程阀进行速度换接,使速度换接平稳;采用机械控制的行程阀,位置控制准确可靠。

(3)采用限压式变量泵和调速阀联合调速回路,且在回油路上设置背压阀,提高了滑台运动的平稳性,并能获得较好的速度负载特性。

(4)采用进油路串联调速阀二次进给调速回路,可使启动冲击和速度转换冲击较小,并便于利用压力继电器发出电信号,进行自动控制。

(5)在滑台的工作循环中,采用止挡块停留,不仅提高了进给位置精度,还扩大了滑台工艺使用范围,更适用于镗阶梯孔、锪孔和锪端面等工序。

8.2　数控车床液压传动系统

8.2.1　概述

装有程序控制系统的车床简称为数控车床。在数控车床上进行车削加工时,其自动化程度高,能获得较高的加工质量。目前,在数控车床上大多应用了液压传动技术。下面介绍MJ—50型数控车床的液压传动系统,如图 8-2 所示为该系统的原理图。

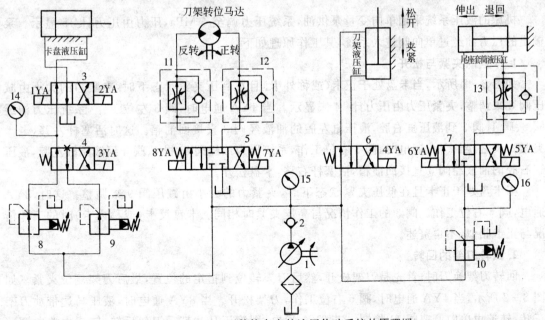

图 8-2　MJ-50 型数控车床的液压传动系统的原理图

机床中由液压传动系统实现的动作有卡盘的夹紧与松开、刀架的夹紧与松开、刀架的正转与反转、尾座套筒的伸出与缩回。液压传动系统中各电磁阀的电磁铁动作由数控系统的 PC 控制实现,各电磁铁的动作顺序见表 8-2。

表 8-2　各电磁铁的动作顺序

动作			1YA	2YA	3YA	4YA	5YA	6YA	7YA	8YA
卡盘正卡	高压	夹紧	+	−	−	−	−	−	−	−
		松开	−	+	−	−	−	−	−	−
	低压	夹紧	+	−	+	−	−	−	−	−
		松开	−	+	+	−	−	−	−	−
卡盘反卡	高压	夹紧	−	+	−	−	−	−	−	−
		松开	+	−	−	−	−	−	−	−
	低压	夹紧	−	+	+	−	−	−	−	−
		松开	+	−	+	−	−	−	−	−
刀架	正转		−	−	−	−	−	−	−	+
	反转		−	−	−	−	−	−	+	−
	松开		−	−	−	+	−	−	−	−
	夹紧		−	−	−	−	−	−	−	−
尾座	套筒伸出		−	−	−	−	−	+	−	−
	套筒退回		−	−	−	−	+	−	−	−

8.2.2　液压系统的工作原理

机床的液压系统采用单向变量泵供油,系统压力调至 4 MPa,压力由压力计 15 显示。泵输出的压力油经过单向阀进入系统,其工作原理如下:

1. 卡盘的夹紧与松开

如图 8-2 所示,当卡盘处于正卡(或称外卡)且在高压夹紧状态下时,夹紧力的大小由减压阀 8 来调整,夹紧压力由压力计 14 来显示。当 1YA 通电时,阀 3 左位工作,系统压力油经阀 8、阀 4、阀 3 到液压缸右腔,液压缸左腔的油液经阀 3 直接回油箱。这时活塞杆左移,卡盘夹紧。反之,当 2YA 通电时,阀 3 右位工作,系统压力油经阀 8、阀 4、阀 3 到液压缸左腔,液压缸右腔的油液经阀 3 直接回油箱,活塞杆右移,卡盘松开。

当卡盘处于正卡且在低压夹紧状态下时,夹紧力的大小由减压阀 9 来调整。这时,3YA 通电,阀 4 右位工作。阀 3 的工作情况与高压夹紧时相同。卡盘反卡(或称内卡)时的工作情况与正卡相似,不再赘述。

2. 回转刀架的回转

回转刀架换刀时,首先是刀架松开,然后刀架转位到指定的位置,最后刀架复位夹紧。如图 8-2 所示,当 4YA 通电时,阀 6 右位工作,刀架松开。当 8YA 通电时,液压马达带动刀架正转,转速由单向调速阀 11 控制。若 7YA 通电,则液压马达带动刀架反转,转速由单向调速阀 12 控制。当 4YA 断电时,阀 6 左位工作,液压缸使刀架夹紧。

3.尾座套筒的伸缩运动

如图 8-2 所示,当 6YA 通电时,阀 7 左位工作,系统压力油经减压阀 10、换向阀 7 到尾座套筒液压缸的左腔,液压缸右腔油液经单向调速阀 13、阀 7 回油箱,缸筒带动尾座套筒伸出,伸出时的预紧力大小通过压力计 16 显示。反之,当 5YA 通电时,阀 7 右位工作,系统压力油经减压阀 10、换向阀 7、单向调速阀 13 到液压缸右腔,液压缸左腔的油液经阀 7 流回油箱,套筒缩回。

8.2.3　液压系统的特点

(1)采用单向变量液压泵向系统供油,能量损失小。

(2)用换向阀控制卡盘,实现高压和低压夹紧的转换,并且分别调节高压或低压夹紧压力的大小。这样可根据工件情况调节夹紧压力,操作方便简单。

(3)用液压马达实现刀架的转位,可实现无级调速,并能控制刀架正、反转。

(4)用换向阀控制尾座套筒液压缸的换向,以实现套筒的伸出或缩回,并能调节尾座套筒伸出工作时的预紧力大小,以适应不同工件的需要。

(5)如图 8-2 中的压力计 14、15、16 可分别显示系统相应处的压力,以便于故障诊断和调试。

8.3　外圆磨床液压传动系统

8.3.1　概述

外圆磨床是工业生产中应用极为广泛的一种精加工机床。主要用途是磨削各种圆柱面、圆锥面及阶梯轴等零件,采用内圆磨头附件还可以磨削内圆及内锥孔等。为了完成上述零件的加工,磨床必须具有砂轮旋转、工件旋转、工作台带动工件的往复直线运动和砂轮架的周期切入运动等。此外,还要求有砂轮架快速进退和尾架顶尖的伸缩等辅助运动。在这些运动中,除砂轮旋转、工件旋转运动由电动机驱动外,其余则采用液压传动方式。根据磨削工艺的特点,机床对工作台的往复运动性能要求最高。

对外圆磨床工作台往复运动的要求:

(1)工作台运动速度能在 0.05~4 m/min 范围内实现无级调速,若在高精度磨床上进行镜面磨削,其修整砂轮的速度最低为 10~30 mm/min,并要求运动平稳、无爬行现象。

(2)在上述的速度变化范围内能够自动换向,换向过程要平稳,冲击要小,启动、停止要迅速。

(3)换向精度要高。同一速度下,换向点变动量(同速换向精度)应小于 0.02 mm;不同速度下,换向点变动量(异速换向精度)应小于 0.2 mm。

(4)换向前工作台在两端能够停留。磨削时砂轮在工件两端一般不越出工件,为了避免工件两端因磨削时间短而引起尺寸偏大,在换向时要求两端有停留,停留时间能在 0~5 s 内调节。

(5)工作台可做微量抖动。切入磨削或磨削工件长度略大于砂轮宽度时,为了提高生产率和改善表面粗糙度,工作台需做短距离(1～3 ram)频繁的往复运动,其往复频率为1～3 次/s。

8.3.2 外圆磨床工作台换向回路

为了使外圆磨床工作台的运动获得良好的换向性能,提高换向精度,其液压系统需选用合适的换向回路。

磨床工作台的换向回路一般分为两类:一类是时间控制动式换向回路;另一类是行向回路。在时间控制制动式换向回路中,主换向阀切换油口使工作台制动的时间为一调定数值精度较低。时间控制制磨床等。对于外圆磨床程控制制动式换向回路,因此工作台速度大时,其制动行程的冲出量就大,换向点的位置动式换向回路一般只适用于对换向精度要求不高的机床,如平面和内圆磨床,为了使工作台运动获得较高的换向精度,通常采用行程控制制动式换向回路,如图 8－3 所示。

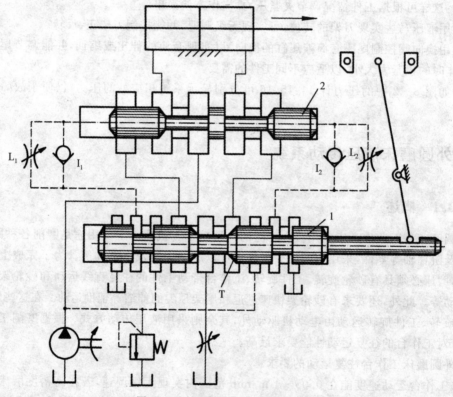

图 8－3 行程控制制动式换向回路

在图 8－3 中,换向回路主要由起先导作用的机动先导阀 1 和液动主换向阀 2 所组成(二阀组合成机液动阀),其特点是先导阀不仅对操纵主阀的控制压力油起控制作用,还直接参与工作台换向制动过程的控制。当图示工作台向右移动的行程即将结束时,挡块拨动先导阀拨杆,使先导阀芯左移,其右边的制动锥 T 便将液压缸右腔回油路的通流面积逐渐关小,对工作台起制动作用,使其速度逐渐减小。当液压缸回油通路接近于封闭(只留下很小一点开口量),工作台速度已变得很小时,主阀的控制油路开始切换,使主阀芯左移,导致工作台停止运动并换向。在此情况下,不论工作台原来的速度快慢如何,总是在先导阀芯移动一定距离,即工作台移动某一确定行程之后,主阀才开始换向,所以称这种换向回路为行程控制制动式换向回路。

　　行程控制制动式换向的整个过程可分为制动、端点停留和反向启动三个阶段。工作台制动过程又分为预制动和终制动两步:第一步是先导阀 1 用制动锥关小液压缸回油通路,使工作台急剧减速,实现预制动;第二步是主换向阀 2 在控制压力油作用下移到中间位置,这时液压缸两腔同时通压力油,工作台停止运动,实现终制动。工作台的制动分两步进行,可避免发生大的换向冲击,实现平稳换向。工作台制动完成之后,在一段时间内,主换向阀使液压缸两腔互通压力油,工作台处于停止不动的状态,直至主阀芯移动到使液压缸两腔油路隔开,工作台开始反向启动为止,这一阶段称为工作台端点停留阶段。停留时间可以用阀 2 两端的节流阀 L_1 或 L_2 调节。

　　由上述可知,行程控制制动式换向回路能使液压缸获得很高的换向精度,适合外圆磨床加工阶梯轴的需要。

8.3.3　M1432A 型万能外圆磨床液压传动系统的工作原理

　　M1432A 型万能外圆磨床主要用来磨削圆柱形(包括阶梯形)或圆锥形外圆柱面,在使用附加内圆磨具时还可磨削圆柱孔和圆锥孔。该机床的液压系统能够完成的主要任务有工作台的往复运动,砂轮架的快速进退运动和周期进给运动,尾座顶尖的退回运动,工作台手动与液动的互锁,砂轮架丝杠螺母间隙的消除及机床的润滑等。

1. 工作台的往复运动

　　M1432A 型磨床工作台的往复运动用 HYY21/3P - 25T 型专用液压操纵箱进行控制,该操纵箱主要由开停阀 A、节流阀 B、先导阀 C、换向阀 D 和抖动缸等元件所组成,如图 8 - 4 所示。在此操纵箱中,机动先导阀和液动主换向阀构成行程控制制动式换向回路,它可以提高工作台的换向精度;开停阀的作用是操纵工作台的运动或停止;抖动缸的主要作用是使先导阀快跳,从而消除工作台慢速时的换向迟缓现象,提高换向精度,并使机床具备短距离频繁往复运动(抖动)的性能,以提高切入式磨削的表面加工质量和生产率。

　　工作台往复运动的油路工作原理如下:

　　(1)往复运动时的油流路线　本机床的工作液压缸为活塞杆固定、缸体移动的双杆活塞式液压缸。在图 8 - 4 所示状态下,开停阀 A 处于右位,先导阀 C 和换向阀 D 都处于右端位置,工作台向右运动,主油路的油流路线为:

　　进油路:液压泵—换向阀 D —工作台液压缸右腔;

　　回油路:工作台液压缸左腔—换向阀 D —先导阀 C —开停阀 A —节流阀 B—油箱。

　　当工作台右移到预定位置时,工作台上的左挡块拨动先导阀芯,并使它最终处于左端位置上。这时控制油路 a 点接通压力油,a_1 点接通油箱,使换向阀 D 也处于左端位置,于是主油路的油流路线变为:

　　进油路:液压泵—换向阀 D —工作台液压缸左腔;

　　回油路:工作台液压缸右腔—换向阀 D —先导阀 C —开停阀 A —节流阀 B—油箱。

　　这时,工作台向左运动,并在其右挡块碰上拨杆后发生与上述情况相反的变换,使工作台又改变方向向右运动。如此不停地反复进行下去,直到开停阀 A 拨到左位时才使运动停止下来。

　　(2)工作台换向过程　工作台换向时,先导阀 C 先受到挡块的操纵而移动,接着又受到抖

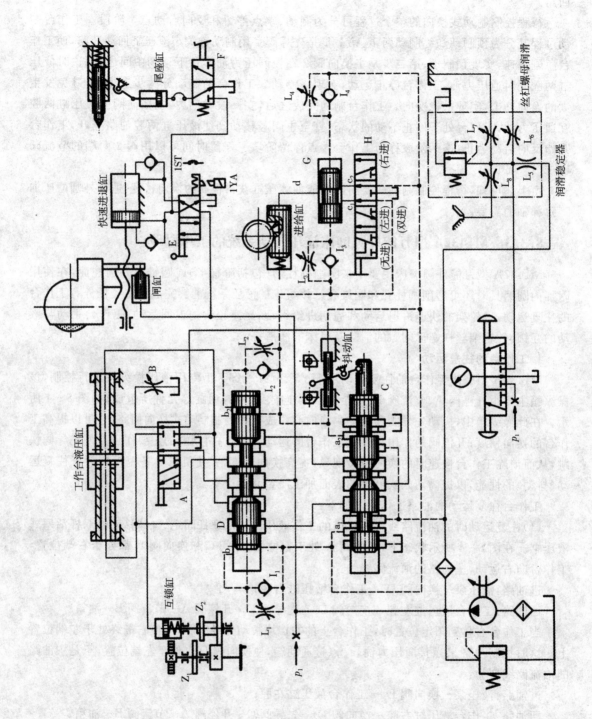

图 8 – 4

动缸的操纵而产生快跳;换向阀 D 的控制油路则先后三次变换通流情况,使其阀芯产生第一次快跳、慢速移动和第二次快跳。这样就使工作台的换向经历了迅速制动、停留和迅速反向启动的三个阶段。具体情况如下:

当图 8-4 中的先导阀 C 的阀芯被拨杆推着向左移动时,它的右制动锥逐渐将通向节流阀 B 的通道关小,使工作台逐渐减速,实现预制动。当工作台挡块推动先导阀芯直到右部环形槽使 a_2 点接通压力油、左部环形槽使 a_1 点接通油箱时,控制油路被切换。这时,左、右抖动缸便推动先导阀芯向左快跳,因此这时抖动缸的进、回油路变换为:

进油路:液压泵—过滤器—先导阀 C—左抖动缸;

回油路:右抖动缸—先导阀 C—油箱。

可以看出,由于抖动缸的作用引起先导阀快跳,就使换向阀两端的控制油路一旦切换迅速打开,为换向阀阀芯快速移动创造了条件。

换向阀阀芯向左移动,其进油路为:液压泵—过滤器—先导阀 C—单向阀 I_2—换向阀 D 右端。

换向阀左端通向油箱的回油路则先后出现三种连通情况。开始阶段的情况如图 8-4 示,回油的流动路线为:换向阀 D 左端先导阀 C—油箱。

因换向阀的回油路通畅无阻,其阀芯移动速度很大,出现第一次快跳。第一次快跳使换向阀阀芯中部的台肩移到阀体中间沉割槽处,导致液压缸两腔油路相通,工作台停止运动。此后,由于换向阀阀芯自身切断了左端直通油箱的通道,回油流动路线便改为:换向 D—左端节流阀 L_1—先导阀 C—油箱。

这时,换向阀阀芯按节流阀(也称做停留阀)L_1 调定的速度慢速移动。由于阀体沉割宽度大于阀芯中部台肩的宽度,液压缸两腔油路在阀芯慢速移动期间继续保持相通,使工作台的停止状态持续一段时间(可在 0~5 s 内调整),这就是工作台反向前的端点停留。最后,当阀芯慢速移动到其左部环形槽而将通道 b_1 和直通油箱的通道连通时,回油动路线又改变为:换向阀 D 左端—通道 b_1—阀芯左部环形槽—先导阀 C—油箱。

这时,回油路又通畅无阻,换向阀阀芯便第二次快跳到底,主油路迅速切换,工作台迅速反向启动,最终完成全部换向过程。

在反向时,先导阀 C 和换向阀 D 自左向右移动的换向过程与上述相同,但这时 a_2 点接通油箱,而 a_1 点接通压力油。

(3)工作台液动与手动的互锁　此动作是由互锁缸来实现的。当开停阀 A 处于图 8-4 所示的位置时,互锁缸通入压力油,推动活塞使齿轮 Z_1 和 Z_2 脱开,工作台运动就不会带动手轮转动。当开停阀 A 的左位接入系统时,互锁缸接通油箱,活塞在弹簧作用下移动,使 Z_1 和 Z_2 啮合,工作台就可以通过摇动手轮来移动,以调整工件的加工位置。

2. 砂轮架的快速进退运动

这个运动由砂轮架快动阀 E 操纵,由快速进退缸来实现。在图 8-4 所示的状态下,阀 E 右位接入系统,砂轮架快速前进到最前端位置,此位置是靠活塞与缸盖的接触来保证的。为防止砂轮架在快速运动终点处引起冲击和提高快进终点的重复位置精度,快速进退缸的两端设有缓冲装置(图中未画出),并设有抵住砂轮架的闸缸,用以消除丝杠、螺母间的间隙,快动阀 E 的左位接入系统时,砂轮架后退到最后端位置。

砂轮架进退与头架、冷却泵电动机之间可以联动。当将快动阀 E 的手柄扳至图示位置,使砂轮架快进至加工位置时,行程开关 1ST 触头闭合,主轴电动机和冷却泵电动机随即同时启动,使工件旋转,并送出冷却液。

为了确保机床的使用安全,砂轮架快速进退与内圆磨头使用位置之间实现了互锁。当磨削内圆时,将内圆磨头翻下,压住微动开关,使电磁铁 1YA 通电吸合,快动阀 E 的手柄即被锁在快进后的位置上,不允许在磨削内圆时,砂轮架有快退动作而引起事故。

为了确保操作安全,砂轮架快速进退与尾座顶尖的动作之间也实现了互锁。当砂轮架处于快进后的位置时,如果操作者误踩尾座阀 F,则因尾座液压缸无压力油通入,故尾座顶尖不会退回。

3. 砂轮架的周期进给运动

此运动由进给阀 G 操纵,由砂轮架进给缸通过其活塞上的拨爪、棘轮、齿轮、丝杠螺母等传动副来实现。砂轮架的周期进给运动可以在工件左端停留或右端停留时进行,也可以在工件两端停留时进行,还可以无进给运动,这些都由选择阀 H 所在位置决定。进给阀 G 和选择阀 H 组合成周期进给操纵箱,如图 8-4 所示。在图示状态下,选择阀选定的是双向进给,进给阀在控制油路的 a_1 和 a_2 点每次相互变换压力时,向左或向右移动一次(因为通道 d 与通道 c_1 和 c_2 各接通一次),于是砂轮架便做一次间歇进给。进给量大小由拨爪棘轮机构调整,进给快慢及平稳性则通过调整节流阀 L_3、L_4 来保证。

4. 液压传动系统的主要特点

(1)采用了活塞杆固定的双杆液压缸,可减小机床占地面积,同时也能保证左右两个方向运动速度一致。

(2)系统采用了简单节流阀式调速回路,功率损失小,这对调速范围不需很大、负载较小且基本恒定的磨床来说是很适合的。此外,回油节流的形式在液压缸回油腔中造成的背压力有助于工作稳定和工作台的制动,也有助于防止空气渗入系统。

(3)系统采用 HYY21/3P-25T 型快跳式操纵箱,结构紧凑,操纵方便,换向精度和换向平稳性都较高。此外,此操纵箱还能使工作台高频抖动,有利于提高切入磨削时的加工质量。

8.4 塑料注射成型机液压传动系统

8.4.1 概述

塑料注射成型机简称注塑机。它将颗粒状塑料加热熔化到流动状态,以高压快速注入模腔,处于熔融状态的塑料在模腔内保压一定时间后,冷却成型为塑料制品。注塑机液压传动系统的执行元件有合模缸、注射座移动缸、注射缸、预塑液压马达和顶出缸。这些执行元件推动注塑机各工作部件完成工作循环。

注塑机对液压传动系统的要求是:

(1)模具必须具有足够的合模力,以防止高压注射时模具胀开,塑料制品产生溢边现象。

(2)在合模、开模过程中,为了既提高工作效率,又防止因速度太快而损坏模具和制品,其过程需要有多种速度。

(3)注射座要能整体前移和后退。并保持足够的向前推动力,以使注射时喷嘴与模具浇口紧密接触。

（4）由于原料的品种、制品的几何形状及模具系统不同，为保证制品质量，注射成型过程中要求注射压力和注射速度可调节。

（5）注射动作完成后需要保压。保压的目的是使塑料紧贴模腔而获得精确的形状。在制品冷却凝固收缩过程中，使熔化塑料不断补充进入模腔，防止充料不足而出现残次品，因此保压压力要求可调。

（6）顶出制品速度要平稳。

8.4.2　SZ-250A 型注塑机液压传压系统的工作原理

SZ-250A 型注塑机属于中小型注塑机，每次最大注射容量为 250 cm³。图 8-5 所示为该注塑机的液压传动系统图。该液压传动系统用双联泵供油，用节流阀控制有关流量，用多级调压回路控制有关压力，以满足工作过程中各动作对速度和压力的不同要求。各执行元件的动作循环主要依靠行程开关切换电磁换向阀来实现，电磁铁的动作顺序见表 8-3。

表 8-3　电磁铁的动作顺序

		1YA	2YA	3YA	4YA	5YA	6YA	7YA	8YA	9YA	10YA	11YA	12YA	13YA	14YA
合模	慢速	−	+	+	−	−	−	−	−	−	−	−	−	−	−
	快速	+	+	+	−	−	−	−	−	−	−	−	−	−	−
	低压慢速	−	+	+	−	−	−	−	−	−	−	−	−	−	−
	高压慢速	−	+	+	−	−	−	−	−	−	−	−	−	−	−
注射座前移		−	−	−	−	−	−	+	−	−	−	−	−	−	−
注射	慢速一	+	−	−	−	−	+	−	−	+	−	+	−	−	−
	快速	+	−	−	−	−	−	+	+	−	+	−	+	−	−
保压		−	+	−	−	−	−	−	−	−	+	−	−	−	+
预塑		−	+	−	−	−	−	−	−	−	−	−	−	−	−
防流涎		−	−	−	−	−	−	−	−	+	−	−	−	−	−
注射座后退		−	+	−	−	−	+	−	−	−	−	−	−	−	−
开模	慢速Ⅰ	−	+	−	+	−	−	−	−	−	−	−	−	−	−
	快速	+	+	−	−	−	−	−	−	−	−	−	−	−	−
	慢速Ⅱ	−	+	−	+	−	−	−	−	−	−	−	−	−	−
顶出	前进	−	−	−	−	+	−	−	−	−	−	−	−	−	−
	后退	−	+	−	−	−	−	−	−	−	−	−	−	−	−

1. 合模

首先关闭注塑机安全门，行程阀 6 才能恢复常态位，合模动作才可进行。然后慢速启动合模缸，再快速前进。当动模板接近定模板时，合模缸以低压、慢速前移，即使两模板间有硬质异物，也不致损坏模具表面。在确认模具内无异物存在时，合模缸转为高压，并通过对称五连杆机构增力，使模具闭合并锁住。

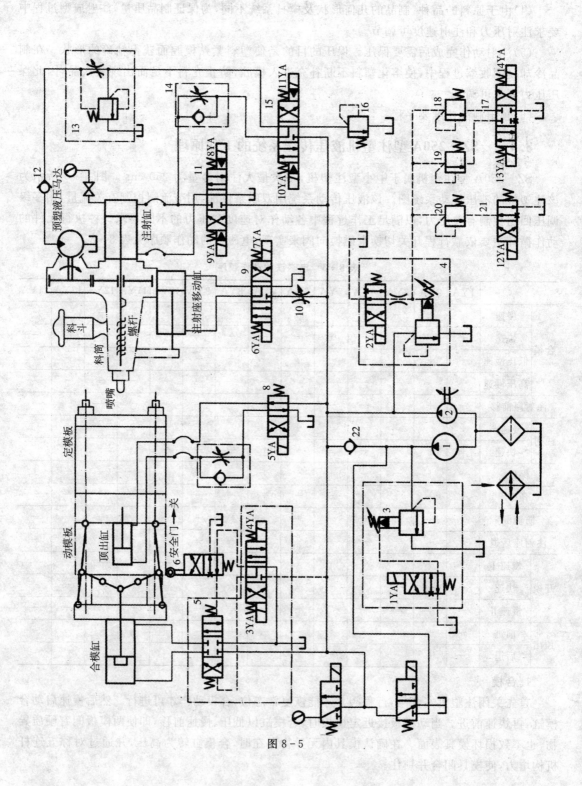

图 8 - 5

(1)慢速合模　电磁铁 2YA、3YA 通电,大流量泵 1 通过溢流阀 3 卸载,小流量泵 2 的压力由溢流阀 4 调定。泵 2 的压力油经电液换向阀 5 右位进入合模缸左腔,推动合模缸慢速前移,其右腔油液经阀 5 和冷却器回油箱。

(2)快速合模　电磁铁 1YA、2YA 和 3YA 通电,液压泵 1 的压力油经单向阀 22 与液压泵 2 的压力油合流后进入合模缸左腔,推动合模缸快速前进。最高压力由阀 3 限定。

(3)低压慢速合模　电磁铁 2YA、3YA 和 13YA 通电,泵 1 卸载,泵 2 的压力由远程调压阀 18 控制。由于阀的调定压力低,泵 2 以低压推动合模缸缓慢、安全地合模。

(4)高压慢速合模　电磁铁 2YA、3YA 通电,泵 1 卸载,泵 2 压力由溢流阀 4 调为高压。泵 2 压力油驱动合模缸高压合模,通过五连杆机构增力,且锁紧模具。

2. 注射座前移

电磁铁 2YA、7YA 通电,泵 1 卸载,泵 2 压力仍由阀 4 控制。泵 2 压力油经节流阀 10 和电液换向阀 9 右位进入注射座移动缸右腔,注射座慢速前移,使喷嘴与模具浇口紧密接触,注射座移动缸左腔油液经阀 9 回油箱。

3. 注射

(1)慢速注射　电磁铁 2YA、7YA、10YA 和 12YA 通电,泵 2 压力由远程调压阀 20 调节并保持稳定值。泵 2 的压力油经电液换向阀 15 左位和单向节流阀 14 进入注射缸右腔,推动注射缸活塞慢速前进,注射螺杆将料筒前端的熔料经喷嘴压入模腔,注射缸左腔油液经电液换向阀 11 中位回油箱。注射速度由单向节流阀 14 调节。

(2)快速注射　电磁铁 1YA、2YA、7YA、8YA、10YA 和 12YA 通电,泵 1 和泵 2 压力油经阀 11 右位进入注射缸右腔,实现快速注射,左腔油液经阀 11 右位回油箱。此时,远程调压阀 20 起安全作用。

4. 保压

电磁铁 2YA、7YA、10YA 和 14YA 通电,泵 2 压力(即保压压力)由远程调压阀 19 调节,泵 2 仅对注射缸右腔补充少量油液,以维持保压压力。多余油液经阀 4 溢回油箱。

5. 预塑

保压完毕,电磁铁 1YA、2YA、7YA 和 11YA 通电,泵 1 和泵 2 压力油经阀 15 右位、旁通型调速阀 13 和单向阀 12 进入液压马达。液压马达通过减速机构带动螺杆旋转,从料斗加入的塑料颗粒随着螺杆的转动被带至料筒前端,加热熔化,并建立起一定压力。马达转速由旁通型调速阀 13 控制,溢流阀 3 为安全阀。螺杆头部的熔料压力上升到能克服注射缸活塞退回的阻力时,螺杆开始后退。这时,注射缸右腔油液经阀 14、阀 15 右位和背压阀 16 回油箱,其背压力由阀 16 控制。同时,油箱中的油在大气压作用下经阀 11 中位,向注射缸左腔补充。当螺杆后退至一定位置,即螺杆头部的熔料达到所需注射量时,螺杆停止转动和后退,等待下次注射,与此同时,模腔内的制品冷却成型。

6. 防流涎

如果喷嘴是直通敞开式,为防止注射座退回时喷嘴端部物料流出,应先使螺杆后退一小段距离,以减小料筒前端压力。为达到此目的,在预塑结束后,电磁铁 2YA、7YA 和 9YA 通电,泵 2 的压力油一路经阀 9 右位进入注射座移动缸右腔,使喷嘴与模具浇口接触,一路经阀 11 左位进入注射缸左腔,使螺杆强制后退。注射缸右腔和注射座移动缸左腔的油分别经阀 11 和阀 9 回油箱。

7.注射座后退

在保压、冷却和预塑结束后,电磁铁2YA、6YA通电,泵2的压力油经阀9左位使注射座退回。

8.开模

开模速度一般为慢—快—慢。

(1)慢速开模 当电磁铁2YA、4YA通电时,泵1卸载,泵2的压力油经电液换向阀5左位进入合模缸右腔,合模缸慢速后退,左腔油液经阀5回油箱。

(2)快速开模 当电磁铁1YA、2YA和4YA通电时,泵1和泵2的供油合流后推动合模缸快速后退。

(3)慢速开模 当电磁铁1YA断电、电磁铁2YA、4YA通电时,泵1卸载,泵2的压力油经电液换向阀5左位进入合模缸右腔,合模缸又以慢速后退,左腔油液经阀5回油箱。

9.顶出

(1)顶出杆前进 电磁铁2YA、5YA通电,泵1卸载,泵2的压力油经换向阀8左位和单向节流阀7进入顶出缸左腔,推动顶出杆稳速前进,顶出制品。顶出速度由单向节流阀7调节,溢流阀4为定压阀。

(2)顶出杆后退 电磁铁2YA通电,泵2压力油经阀8常态位使顶出杆退回。

8.4.3 SZ-250A型注塑机液压传动系统的特点

(1)采用了液压—机械增力合模机构,保证了足够的锁模力。除此之外,还可采用增压缸合模装置。

(2)注塑机液压系统动作多,各动作之间有严格顺序。本系统采用电气行程开关切换电磁换向阀,保证动作顺序。

(3)采用双泵供油,由流量阀控制流量来满足各动作对流量的不同要求,功率利用比较合理。

(4)采用多个远程调压阀调压,满足了系统多级压力要求。

8.5 液压传动系统故障诊断方法

1.感观诊断法

(1)观察液压传动系统的工作状态一般有六看:一看速度,即看执行机构运动速度有无变化;二看压力,即看液压传动系统各测压点压力有无波动现象;三看油液,即观察油液是否清洁、是否变质,油量是否满足要求,油的黏度是否合乎要求及表面有无泡沫等;四看泄漏,即看液压传动系统各接头处是否渗漏、滴漏和出现油垢现象;五看振动,即看活塞杆或工作台等运动部件运行时有无跳动、冲击等异常现象;六看产品,即从加工出来的产品判断运动机构的工作状态,观察系统压力和流量的稳定性。

(2)用听觉来判断液压传动系统的工作是否正常,一般有四听:一听噪声,即听液压泵和系统噪声是否过大,液压阀等元件是否有尖叫声;二听冲击声,即听执行部件换向时冲击声是否过大;三听泄漏声,即听油路板内部有无细微而连续不断的声音;四听敲打声,即听液压泵和管路中是否有敲打撞击声。

（3）用手摸运动部件的温升和工作状况，一般有四摸：一摸温升，即用手摸泵、油箱和阀体等温度是否过高；二摸振动，即用手摸运动部件和管子有无振动；三摸爬行，即当工作台慢速运行时，用手摸其有无爬行现象；四摸松紧度，即用手拧一拧挡铁、微动开关等的松紧程度。

（4）闻一闻油液是否有变质异味。

（5）查阅技术资料及有关故障分析与修理记录和维护保养记录等。

（6）询问设备操作者，了解设备的平时工作状况。一般有六问：一问液压传动系统工作是否正常；二问液压油最近的更换日期，滤网的清洗或更换情况等；三问事故出现前调压阀或调速阀是否调节过，有无不正常现象；四问事故出现之前液压件或密封件是否更换过；五问事故前后液压传动系统的工作差别；六问过去常出现哪类事故及排除经过。感观检测只是一个定性分析，必要时应对有关元件在实验台上做定量分析测试。

2. 逻辑分析法

对于复杂的液压传动系统故障，常采用逻辑分析法，即根据故障产生的现象，采取逻辑分析与推理的方法。

采用逻辑分析法诊断液压传动系统故障通常有两个出发点：一是从主机出发，主机故障也就是指液压传动系统执行机构工作不正常；二是从系统本身故障出发，有时系统故障在短时间内并不影响主机，如油温变化、噪声增大等。

逻辑分析法只是定性分析，若将逻辑分析法与专用检测仪器的测试相结合，就可显著提高故障诊断的效率及准确性。

3. 专用仪器检测法

专用仪器检测法即采用专门的液压传动系统故障检测仪器来诊断系统故障，该仪器能够对液压故障做定量的检测。国内外有许多专用的便携式液压传动系统故障检测仪，测量流量、压力和温度，并能测量泵和马达的转速等。

4. 状态监测法

状态监测用的仪器种类很多，通常有压力传感器、流量传感器、速度传感器、位移传感器和油温监测仪等。把测试到的数据输入计算机系统，计算机根据输入的数据提供各种信息及技术参数，由此判别出某个液压元件和液压传动系统某个部位的工作状况，并可发出报警或自动停机等信号。所以状态监测技术可解决仅靠人的感觉器官无法解决的疑难故障的诊断，并为预知维修提供了信息。

状态临测法一般适用于下列几种液压设备：

（1）发生故障后对整个生产影响较大的液压设备和自动线；

（2）必须确保其安全性能的液压设备和控制系统；

（3）价格昂贵的精密、大型、稀有、关键的液压传动系统；

（4）故障停机修理费用过高或修理时间过长、损失过大的液压设备和液压控制系统。

习题 8

8-1 图 8-1 所示的 YT4543 型动力滑台液压传动系统是由哪些基本液压回路组成的？如何实现差动连接？采用止挡块停留有何作用？

8-2 外圆磨床液压传动系统为何要采用行程控制制动式换向回路？外圆磨床工作台换

向过程分为哪几个阶段？试根据图 8-4 所示的 M1432A 型万能外圆磨床液压传动系统说明工作台的换向过程。

8-3　用所学过的液压元件组成一个能完成"快进——工进—二工进—快退"动作循环的液压传动系统，并画出电磁铁的动作表，指出该系统的特点。

8-4　液压系统故障诊断的方法有几种？

常用液压图形符号

表1　常用液压图形符号(摘自 GB/T786.1－1993)

(1)液压泵、液压马达和液压缸					
名称	符号	说明	名称	符号	说明
液压泵 液压泵		一般符号	不可调单向缓冲缸		详细符号
	单向定量液压泵	单向旋转、单向流动、定排量			简化符号
	双向定量液压泵	双向旋转，双向流动，定排量	可调单向缓冲缸		详细符号
	单向变量液压泵	单向旋转，单向流动，变排量			简化符号
	双向变量液压泵	双向旋转，双向流动，变排量	双作用缸 不可调双向缓冲缸		详细符号
液压马达 液压马达	液压马达	一般符号			简化符号
	单向定量液压马达	单向流动，单向旋转	可调双向缓冲缸		详细符号
	双向定量液压马达	双向流动，双向旋转，定排量			简化符号
	单向变量液压马达	单向流动，单向旋转，变排量	伸缩缸		
	双向变量液压马达	双向流动，双向旋转，变排量	压力转换器 气—液转换器		单程作用
	摆动马达	双向摆动，定角度			连续作用

151

泵—马达	定量液压泵—马达		单向流动，单向旋转，定排量	增压器		单程作用
	变量液压泵—马达		双向流动，双向旋转，变排量，外部泄油			连续作用
	液压整体式传动装置		单向旋转，变排量泵，定排量马达	蓄能器		一般符号
单作用缸	单活塞杆缸		详细符号	气体隔离式		
			简化符号	重锤式		
	单活塞杆缸（带弹簧复位）		详细符号	弹簧式		
			简化符号	辅助气瓶		
	柱塞缸			气罐		
	伸缩缸			液压源		一般符号
双作用缸	单活塞杆缸		详细符号	气压源		一般符号
			简化符号	电动机		
	双活塞杆缸		详细符号	原动机		电动机除外
			简化符号			

名称	符号	说明	名称	符号	说明
溢流阀		一般符号或直动型溢流阀	减压阀	先导型比例电磁式溢流减压阀	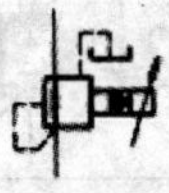
溢流阀	先导型溢流阀			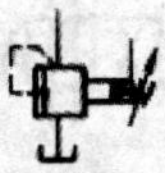 定比减压阀	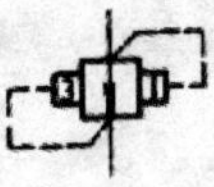 减压比 1/3
溢流阀	先导型电磁溢流阀	(常闭)		定差减压阀	
溢流阀	直动式比例溢流阀		顺序阀	顺序阀	一般符号或睦动型顺序阀
溢流阀	先导比例溢流阀		顺序阀	先导型顺序阀	
溢流阀	卸荷溢流阀	$p_2 > p_1$ 时卸荷	顺序阀	单向顺序阀（平衡阀）	
溢流阀	双向溢流阀	直动式，外部泄油	卸荷阀	卸荷阀	一般符号或直动型卸荷阀
减压阀	减压阀	 一般符号或直动型减压阀	卸荷阀	先导型电磁卸荷阀	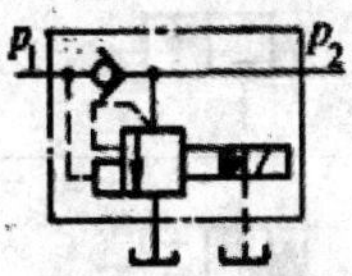 $p_1 > p_2$
减压阀	先导型减压阀		制动阀	双溢流制动阀	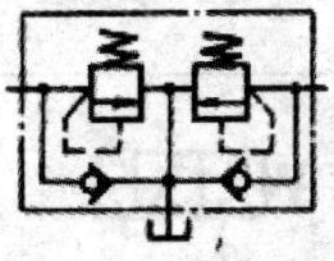
减压阀	溢流减压阀		制动阀	 溢流油桥制动阀	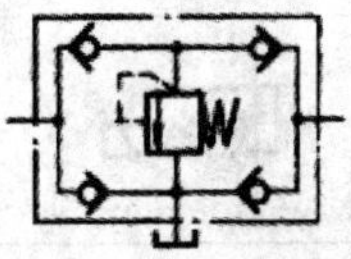

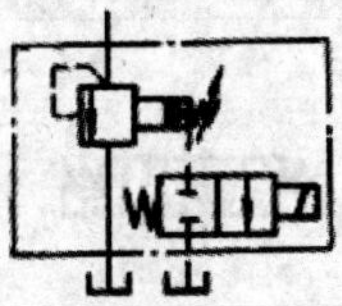

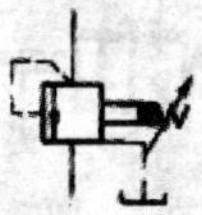

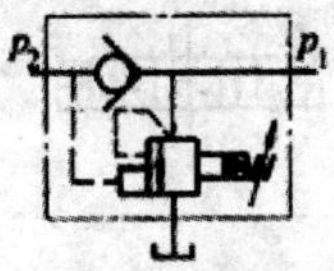

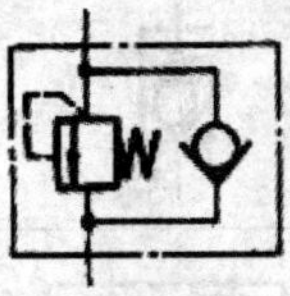

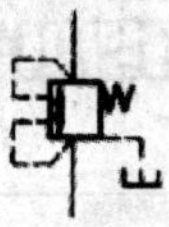

表头：（2）压力控制阀

153

（3）方向控制阀						
名称		符号	说明	名称	符号	说明
单向阀	单向阀		详细符号	二位五通液动阀		
			简化符号（弹簧可省略）	二位四通机动阀		
液压单向阀	液控单向阀		详细符号（控制压力关闭阀）	三位四通电磁阀		
			简化符号	三位四通电液阀		简化符号（内控外泄）
			详细符号（控制压力打开阀）	三位六通手动阀		
			简化符号（弹簧可省略）	三位五通电磁阀		
	双液控单向阀			三位四通电液阀		外控内泄（带手动应急控制装置）
换向阀	二位二通电磁阀		常断	二位四通比例阀		
			常通	四通伺服		
	二位三通电磁阀			四通电液伺服阀		二级
	二位三通电磁球阀					带电反馈三级
	二位四通电磁阀					

(4)流量控制阀

名称		符号	说明	名称	符号	说明
节流阀	可调节流阀		详细符号	调速阀		简化符号
			简化符号	旁通型调速阀		简化符号
	不可调节流阀		一般符号	温度补偿型调速阀		简化符号
	单向节流阀			单向调速阀		简化符号
	双单向节流阀			分流阀		
	截止阀			单向分流阀		
	滚轮控制节流阀（减速阀）			同步阀 集流阀		
调速阀	调速阀		详细符号	分流集流阀		

(5)油箱

名称		符号	说明	名称		符号	说明
通大气式	管端在液面上			油箱	管端在油箱底部		
	管端在液面下		带空气过滤器		局部泄油或回油		
					加压油箱或密闭油箱		三条油路

(6)流体调节器

名称		符号	说明	名称	符号	说明
过滤器	过滤器		一般符号	空气过滤器		
	带污染指示器的过滤器			温度调节器		
	磁性过滤器			冷却器	冷却器	一般符号
	带旁通阀的过滤器				带冷剂管路的冷却器	
	双筒过滤器		p_1:进油 p_2:回油	加热器		一般符号

(7)检测器、指示器

名称		符号	说明	名称		符号	说明
压力检测器	压力指示器			流量检测器	检流计（液流指示器）		
	压力表（计）				流量计		
	电接点压力表（压力显控器）				累计流量计		
	压差控制表				温度计		
	液位计				转速仪		
					转矩仪		

(8)其它辅助元器件

名称		符号	说明	名称	符号	说明
压力继电器(压力开关)			详细符号	压差开关		
			一般符号	传感器		一般符号
行程开关			详细符号	传感器 压力传感器		
			一般符号	温度传感器		
联轴器	联轴器		一般符号	放大器		
	弹性联轴器					

(9)管路、管路接口和接头

名称		符号	说明	名称	符号	说明
管路	管路		压力管路回油管路	交叉管路		两管路交叉不连接
	连接管路		两管路相交连接	柔性管路		
	控制管路		可表示泄油管路	单向放气装置（测压接头）		
快换接头	不带单向阀的快换接头			旋转接头	单通路旋转接头	
	带单向阀的快换接头				三通路旋转接头	

157

参考文献

[1] 路甬祥.液压与气动技术手册[M].北京:机械工业出版社,2002.

[2] 丁树模.液压传动[M].北京:机械工业出版社,1999.

[3] 缪培仁.液压技术[M].北京:中国农业出版社,2000.

[4] 陆望龙.实用液压机械故障排除与修理大全[M].长沙:湖南科学技术出版社,1997.

[5] 姜继海,宋锦春,高常识.液压与气压传动[M].北京:高等教育出版社,2002.

[6] 杜国森.液压元件产品样本[M].北京:机械工业出版社,1999.

[7] 李芝.液压传动[M].北京:机械工业出版社,2001.

[8] 路一心.液压与气动技术[M].北京:化学工业出版社,2004.

[9] 赵波,王宏元.液压与气动技术[M].北京:机械工业出版社,2008.

[10] 张宏友,液压与气动技术[M].大连:大连理工大学出版社,2009.